Soukaina Bouamrane
Hamid Maghat
Mohammed Bouachrine

Exploração computacional de novos fármacos antifúngicos

Soukaina Bouamrane
Hamid Maghat
Mohammed Bouachrine

Exploração computacional de novos fármacos antifúngicos

ScienciaScripts

Imprint

Any brand names and product names mentioned in this book are subject to trademark, brand or patent protection and are trademarks or registered trademarks of their respective holders. The use of brand names, product names, common names, trade names, product descriptions etc. even without a particular marking in this work is in no way to be construed to mean that such names may be regarded as unrestricted in respect of trademark and brand protection legislation and could thus be used by anyone.

Cover image: www.ingimage.com

This book is a translation from the original published under ISBN 978-620-7-45685-7.

Publisher:
Sciencia Scripts
is a trademark of
Dodo Books Indian Ocean Ltd. and OmniScriptum S.R.L publishing group

120 High Road, East Finchley, London, N2 9ED, United Kingdom
Str. Armeneasca 28/1, office 1, Chisinau MD-2012, Republic of Moldova, Europe
Printed at: see last page
ISBN: 978-620-7-61752-4

Prefácio

Nas últimas décadas, tem-se registado um aumento substancial das infecções fúngicas (IFI), que representam uma ameaça significativa para a saúde humana. A Candida albicans, o Cryptococcus neoformans e o Aspergillus fumigatus são os agentes patogénicos predominantes responsáveis pela maioria das IFI em contextos clínicos. Apesar dos avanços na terapêutica antifúngica, as IFI continuam a ser uma causa importante de morbilidade e mortalidade, especialmente em doentes imunocomprometidos e infectados pelo VIH. As principais famílias terapêuticas para as infecções fúngicas incluem os polienos, as fluoropirimidinas, os azóis, as alilaminas e as equinocandinas. No entanto, estes medicamentos antifúngicos enfrentam desafios como a baixa solubilidade em água, a toxicidade, a atividade de espetro estreito, a baixa biodisponibilidade e, acima de tudo, o aparecimento de resistência aos medicamentos fúngicos. Para responder à necessidade médica urgente de melhores agentes antifúngicos, este livro explora a aplicação de métodos de conceção de fármacos assistida por computador (CADD). Técnicas como a relação quantitativa estrutura-atividade em 3D (3D- QSAR), a acoplagem molecular e a simulação da dinâmica molecular. O objetivo é conceber inibidores potentes destinados a infecções fúngicas. A química computacional, tal como utilizada nesta investigação, desempenha um papel essencial na conceção racional e no desenvolvimento de novos agentes antifúngicos com características melhoradas. Por conseguinte, os resultados obtidos neste livro incentivam a realização de mais estudos experimentais e científicos sobre os compostos recentemente concebidos, que poderão ser potentes agentes antifúngicos. Em conclusão, embora as infecções fúngicas possam não receber tanta atenção como certas doenças infecciosas, constituem, no entanto, um problema de saúde global significativo. A consciencialização, a investigação contínua e o desenvolvimento de novas estratégias de tratamento são essenciais para combater estas infecções.

Neste livro, vamos concentrar-nos em três artigos científicos interessantes publicados pelo nosso grupo de investigação em revistas internacionais de prestígio.

- ❖ *Diversidade molecular*
- ❖ *Jornal malaio de bioquímica e biologia molecular*
- ❖ *RHAZES: Química Verde e Aplicada*

Autores

Dr. Ayoub Khaldan Dr. Marwa Alaqarbeh Dr. Reda El-mernissi

Prof. Dr. Mohammed Aziz Ajana Prof. Dr. Hamid Maghat

Prof. Dr. Mohamed Bouachrine Prof. Dr. Tahar Lakhlifi

Prof. Dr. Abdelouahid Sbai

Lista de abreviaturas

MD	Dinâmica molecular
3D	Tridimensional
CADD	Conceção de medicamentos assistida por computador
TPSA	Área de superfície polar total
ADMET	Absorção, Distribuição, Metabolismo, Excreção e Toxicidade
LOO	Deixar-Um-Sair
VER	Erro padrão da estimativa
BBB	Barreira hemato-encefálica
CoMFA	Análise molecular comparativa de campo
CoMSIA	Análise comparativa de índices de similaridade molecular
APO	Banco de dados de proteínas
DFT	Teoria do Funcional **da** Densidade
PLS	Mínimos quadrados parciais
SAR	Relação Estrutura-Atividade
QSAR	Relação quantitativa estrutura-atividade
HBA	Aceitador de ligações de hidrogénio
HBD	Doador de ligações de hidrogénio

Conteúdo

INTRODUÇÃO

As infecções fúngicas podem constituir um grande problema de saúde em todo o mundo atualmente. Estas infecções podem levar a uma morbilidade significativa, com impacto na qualidade de vida dos indivíduos afectados. Podem afetar várias partes do corpo, incluindo a pele, as unhas, os órgãos internos e até o sistema respiratório. As pessoas que vivem com VIH, os receptores de transplantes de órgãos, os doentes submetidos a quimioterapia e os idosos são frequentemente mais susceptíveis de desenvolver infecções fúngicas graves. As infecções fúngicas são comuns e podem afetar uma vasta gama de indivíduos, desde os que gozam de boa saúde até aos indivíduos imunocomprometidos. A prevalência das infecções fúngicas pode variar em função das condições climáticas, das práticas de higiene, da utilização de antibióticos e de outros factores. Em algumas regiões do mundo, especialmente nas zonas tropicais e subtropicais, as infecções fúngicas podem representar um problema de saúde pública significativo. Os fármacos utilizados no tratamento das infecções fúngicas podem ser classificados em cinco famílias químicas: os azóis inibem a síntese de ergosterol, um componente crucial da membrana celular dos fungos, comprometendo a integridade da membrana e conduzindo à morte celular; os polienos ligam-se ao ergosterol na membrana celular dos fungos, Os polinenos ligam-se ao ergosterol na membrana celular dos fungos, provocando a formação de poros que alteram a permeabilidade da membrana, resultando na fuga de iões e moléculas essenciais e conduzindo eventualmente à morte da célula, As equinocandinas inibem a síntese da parede celular dos fungos, visando a enzima (1,3)-beta-D-glucano sintase. As alilaminas inibem uma enzima chamada esqualeno epoxidase, que está envolvida na biossíntese do ergosterol. Ao interromper esta via, compromete a membrana celular dos fungos e Pirimidinas Esta categoria de fármacos interfere com a síntese de ácidos nucleicos, interrompendo a replicação do ADN e a síntese de proteínas, conduzindo, em última análise, à morte celular. A resistência dos fungos aos medicamentos antifúngicos é um problema crescente e complexo. A resistência pode desenvolver-se naturalmente ao longo do tempo, mas a utilização excessiva ou inadequada de antifúngicos pode acelerar este processo. Por conseguinte, a procura de novos candidatos antifúngicos potentes tornou-se um grande desafio a nível mundial. A investigação centra-se no desenvolvimento de novas classes de antifúngicos e de estratégias terapêuticas para combater a resistência. Neste contexto, a química computacional desempenha um papel crucial no desenvolvimento de medicamentos, fornecendo ferramentas e abordagens computacionais para compreender, prever e otimizar as propriedades dos compostos químicos. Em conclusão, embora as infecções fúngicas possam não receber tanta atenção como certas doenças infecciosas, constituem, no entanto, um problema de saúde global significativo. A sensibilização, a investigação em curso e o desenvolvimento de novas estratégias de tratamento são essenciais para combater estas infecções.

Este livro centra-se na atividade antifúngica de moléculas de triazóis 1.2.4 utilizando métodos in silico baseados na abordagem 3D-QSAR (Quantitative Structure-Activity Relationship). Esta abordagem envolve a análise estatística de descritores moleculares derivados dos campos de interação molecular CoMFA (Comparative Molecular Field Analysis) e CoMSIA (Comparative Molecular Similarity Indices Analysis). Consequentemente, propõe novos inibidores antifúngicos com atividade inibitória significativa, elevada afinidade para o alvo em causa e propriedades farmacocinéticas promissoras. A docagem molecular foi realizada para estudar as interacções destes inibidores com o seu alvo a nível molecular, enquanto a simulação da dinâmica molecular foi executada para compreender as interacções estruturais proteína-ligando.

Este livro está dividido em três capítulos:

✓ No **primeiro capítulo**, desenvolvemos e projectámos uma nova classe de compostos triazólicos 1.2.4 como potenciais inibidores contra a candida albicans, com base numa combinação de numerosas técnicas computacionais, tais como 3D-QSAR, docking molecular, simulações de dinâmica molecular e ADME/Tox.

✓ No **segundo capítulo**, é dedicado ao estudo de vinte e cinco compostos triazólicos 1.2.4 utilizando 3D-QSAR, docking reverso, simulações de dinâmica molecular e abordagens ADME/Tox para selecionar novos inibidores antifúngicos potentes.

✓ No **terceiro capítulo**, propusemos e concebemos novos compostos triazólicos 1.2.4 como potenciais inibidores antifúngicos com base em métodos *in silico*, tais como 3D-QSAR e análise de acoplamento molecular.

Por fim, concluímos com uma conclusão geral e as perspectivas previstas para este livro.

<u>Capítulo 1:</u>

Identificação *In Silico* de 1,2,4-Triazoles como Potenciais Inibidores de Candida Albicans Utilizando QSAR 3D, Docking Molecular, Simulações de Dinâmica Molecular e Perfil ADMET

Identificação *in silico* de 1,2,4-triazóis como potenciais inibidores de *Candida Albicans* utilizando 3D-QSAR, Docking Molecular, Simulações de Dinâmica Molecular e Perfil ADMET

Soukaina Bouamrane[1*] , Ayoub Khaldan[1] , Halima Hajji[1] , Reda El-mernissi[1] , Marwa Alaqarbeh[2] , Hamid Maghat[1] , Mohammed Aziz Ajana[1] , Abdelouahid Sbai[1] , Mohammed Bouachrine[1,4] e Tahar Lakhlifi[1]

[1]*Laboratório de Química Molecular e Substâncias Naturais, Faculdade de Ciências, Universidade Moulay Ismail de Meknes, Marrocos*

[2]*Centro Nacional de Investigação Agrícola, Al-Baqa 19381, Jordânia*

[3]*EST Khenifra, Universidade Sultan Moulay Sliman, Benimellal, Marrocos*

Resumo

O Fluconazol e o Voriconazol são inibidores antifúngicos individuais amplamente adoptados para o tratamento de infecções fúngicas, incluindo *a Candida Albicans*. Infelizmente, estes medicamentos utilizados clinicamente têm efeitos secundários significativos. Consequentemente, a melhoria de uma terapia mais segura e melhor tornou-se indispensável. Neste estudo, um conjunto de vinte e sete compostos de 1,2,4-triazol foi testado como potenciais inibidores de *Candida Albicans*, utilizando diferentes métodos teóricos. Os mapas de contorno criados pela análise comparativa do campo molecular (CoMFA) e pela análise comparativa dos índices de semelhança molecular (CoMSIA) tiveram um impacto significativo no desenvolvimento de novos inibidores de *Candida Albicans* com actividades úteis. O modo de interação entre os inibidores de 1,2,4-triazol e o recetor visado foi estudado por simulação de acoplamento molecular. A nova molécula proposta **P1** mostrou uma estabilidade satisfatória na bolsa ativa do recetor-alvo em comparação com a molécula no conjunto de dados em comparação com o medicamento Fluconazol. Entretanto, a energia de ligação obtida por docking molecular para a molécula **P1** é de -9,3 Kcal/mol em comparação com -6,7 Kcal/mol para o medicamento Fluconazol. Além disso, o valor MM/GBSA obtido por simulações de dinâmica molecular a 100 ns para a molécula **P1** é de -33,34 Kcal/mol em comparação com -15,85 Kcal/mol para o medicamento Fluconazol. Além disso, a molécula **P1** apresentou uma boa biodisponibilidade oral e não era tóxica de acordo com as propriedades ADMET (absorção, distribuição, metabolismo, excreção e toxicidade). Por conseguinte, os resultados indicam que o composto P1 poderá ser um futuro inibidor da infeção por *Candida Albicans*.

Palavras-chave *Candida Albicans* - Triazol - 3D-QSAR - Docagem molecular - ADMET - Simulações MD.

Introdução

Candida Albicans (*C. Albicans*) é a levedura endógena do trato gastrointestinal e é o fungo mais comum que causa doenças fúngicas humanas [1-3]. Coloniza frequentemente as superfícies mucosas do hospedeiro como um organismo comensal, mas raramente é encontrado na pele humana [1]. Foi classificado como a quarta causa de doenças infecciosas a nível mundial [1-4]. É um fungo oportunista que pode infetar a maioria dos órgãos dos mamíferos e enfraquecer o sistema imunitário, causando candidíase orofaríngea e esofágica e vaginite [5]. Além disso, *C. Albicans* coloniza equipamentos médicos que induzem risco de vida, como cateteres, formando biofilmes resistentes a medicamentos. [6]. O grau de contaminação de *C. Albicans* está a aumentar anualmente, em particular a infeção sistémica induzida por *C. Albicans*, devido à utilização generalizada de antibióticos e agentes imunossupressores, radioterapia e quimioterapia para a maioria dos doentes com cancro e à elevada prevalência de vírus da imunodeficiência (VIH) [7,8]. Os antifúngicos terapêuticos utilizados para combater as infecções fúngicas podem ser divididos em quatro famílias: polienos, análogos de nucleósidos, equinocandinas e azóis [9]. O voriconazol, o fluconazol e o isavuconazol dos azóis têm uma elevada eficácia e uma baixa toxicidade do que os polienos, os análogos de nucleósidos e as equinocandinas (Fig. 1). Estes compostos são atualmente os antifúngicos mais frequentemente recomendados para curar a infeção por *C. Albicans* [10]. Infelizmente, estes medicamentos antifúngicos têm efeitos indesejáveis graves, como toxicidade, baixa biodisponibilidade, atividade de espetro relativamente estreito, solubilidade em água e resistência aos medicamentos fúngicos [11]. Consequentemente, existe uma necessidade crucial de novos medicamentos antifúngicos para a administração treinada de infecções por *C. Albicans*.

As moléculas de triazol são dotadas de uma atividade significativa como fármacos antifúngicos devido à sua elevada produtividade e baixa toxicidade [10]. Assim, foram desenvolvidas muitas moléculas antifúngicas superiores com um substituto bio-isostérico da tripulação do imidazol pelo triazol, especialmente o 1,2,4-triazol [12,13]. O N-4 do triazol liga-se ao ferro heme, que inibe a ação da 14α-desmetilase na biossíntese do ergosterol nos fungos [14].

A Relação Estrutura-Atividade Quantitativa Tridimensional (3D-QSAR) é um método eficaz de desenvolvimento de medicamentos [15,16] utilizado para produzir modelos que reproduzem as correlações entre substâncias orgânicas e vários factores numéricos reconhecidos como descritores através da utilização de mais do que algumas estratégias estatísticas [17]. A Análise Comparativa do Campo Molecular (CoMFA) e a Análise Comparativa dos Índices de Similaridade Molecular (CoMSIA) são as estratégias cardinais populares utilizadas na análise 3D-QSAR. São utilizadas para determinar os registos geométricos desejados para determinar as moléculas favoráveis e desfavoráveis e facilitar o interesse natural [18,19]. A análise de acoplamento molecular é uma ferramenta moderna amplamente utilizada na química molecular para examinar as interacções entre receptores e ligandos [20- 22].

Neste estudo, vinte e sete moléculas de triazol foram abordadas com base num estudo experimental. Estas foram sintetizadas por Ni et al. [10] usando o seguinte procedimento: 2-Cloro-1- (2,4-difluorofenil)etanona (1) foi reagido com metanossulfonato de (R)-but-3-yn-2-ilo (2) na presença de Pd(CH3CN)2Cl2 e PPh3 em THF, seguido da adição de ZnEt2 para dar (2R,3S)-1-cloro-2-(2,4-difluorofenil)-3-metilpent-4-yn-2-ol (3) que foi validado estruturalmente por difração de raios X de cristal único. A reação de alquilação do 1H-1,2,4-triazol com o reagente 3 foi realizada em solução de NaOH DMSO à temperatura ambiente para obter o composto (4), que foi submetido às condições de reação de Sonogashira com brometos aromáticos substituídos para produzir os compostos investigados [10], como se mostra na Fig. 2.

Este estudo tem como objetivo sugerir novas moléculas candidatas com atividade essencial em *C. Albicans*. Através da promoção dos modelos CoMFA e CoMSIA, o modelo 3D-QSAR foi realizado em vinte e sete moléculas de triazol. Em seguida, foi realizado o método de docagem molecular para investigar as interacções entre os inibidores de 1,2,4-triazol e o recetor visado. Foram implementadas simulações de dinâmica molecular a 100 ns para estudar a constância dos ligandos de triazol no recetor e validar os resultados da ligação molecular. Por fim, foi utilizada a avaliação *in silico* ADMET (absorção, distribuição, metabolismo, excreção e toxicidade) para determinar as propriedades farmacocinéticas das novas moléculas candidatas.

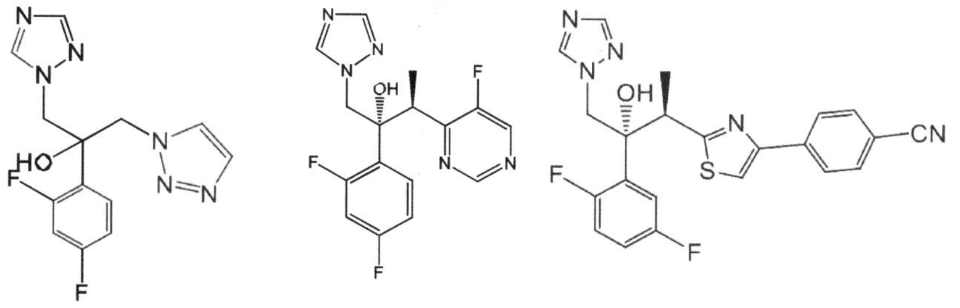

Fluconazol **Voriconazol** **Isavuconazol**

Fig. 1 Estruturas químicas dos medicamentos antifúngicos

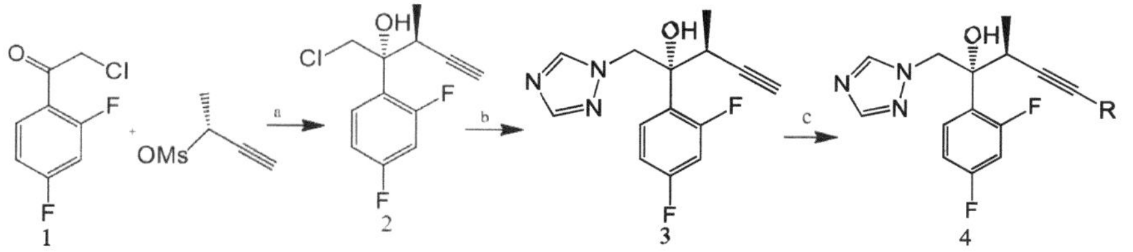

Fig. 2 Síntese de compostos de 1,2,4-triazol. (a) $Pd(CH_3CN)_2Cl_2$, PPh_3, $ZnEt_2$, rt, 1h, THF, rendimento46%; (b) 1H-1,2,4-triazol,NaOH, DMSO, 70°C ,4h, rendimento41%;(c) brometos de arilo, DIEA, CuI, $Pd(PPh_3)Cl_2$, NMP, 60°C ,10h [10]

Material e métodos Seleção do conjunto de dados

Uma base de dados de vinte e sete moléculas contendo moléculas de 1,2,4-triazol como agentes anti-C. *Albicans* foi dividida em duas unidades para executar a análise 3D-QSAR. Vinte e duas moléculas foram seleccionadas aleatoriamente como conjuntos operacionais para moldar modelos de moléculas de 1,2,4-triazol e cinco moléculas escolhidas como conjuntos de verificação para considerar a qualidade e a competência dos modelos de moléculas de 1,2,4-triazol.

A atividade observada em *C. Albicans* (MIC_{80}) dos vinte e sete derivados de triazol estudados foi medida por (Ni et al.) [10]. Para facilitar o cálculo na criação do modelo 3D-QSAR, os valores MIC_{80} foram transformados em $pMIC_{80}$ utilizando a seguinte expressão ($pMIC_{80} = -\log MIC_{80}$), conforme indicado no Quadro 1. A estrutura das 27 moléculas de triazol utilizadas neste estudo é apresentada na Fig. 3.

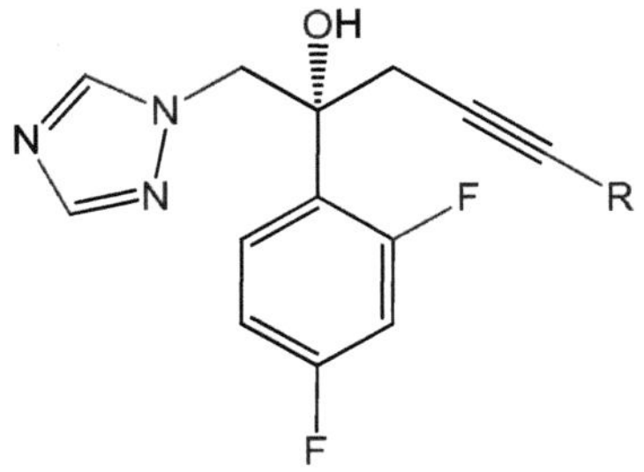

Fig. 3 Estrutura dos derivados de triazóis

Quadro 1 Estruturas químicas e actividades de *C. Albicans* de novas moléculas de 1,2,4-triazóis

N°	Estrutura química	pMIC80	N°	Estrutura química	pMIC80
1	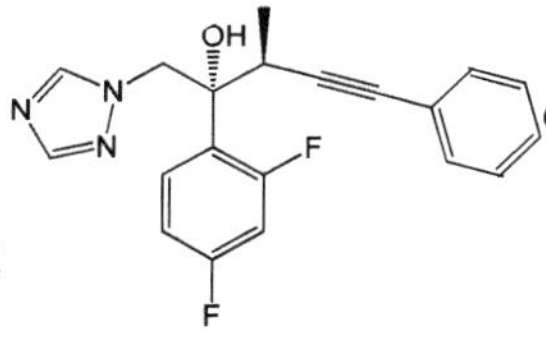	6.000	15	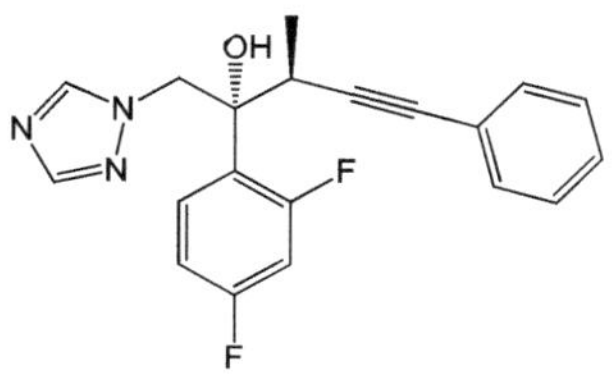	6.301
2*	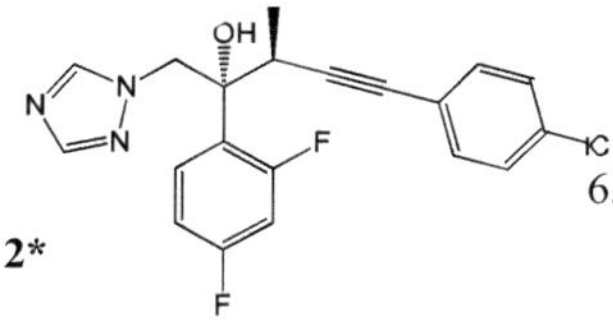	6.602	16	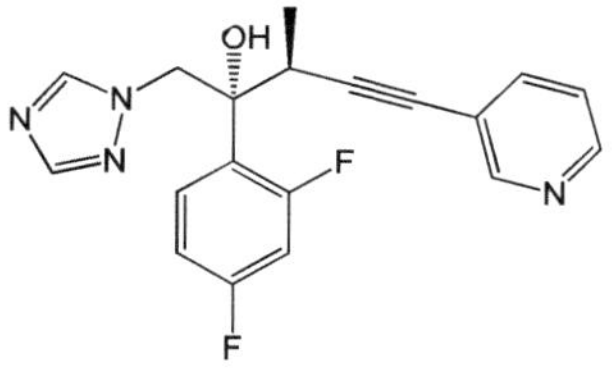	6.602
3	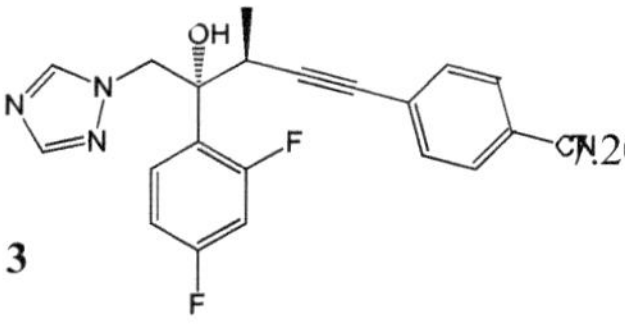	6.204	17	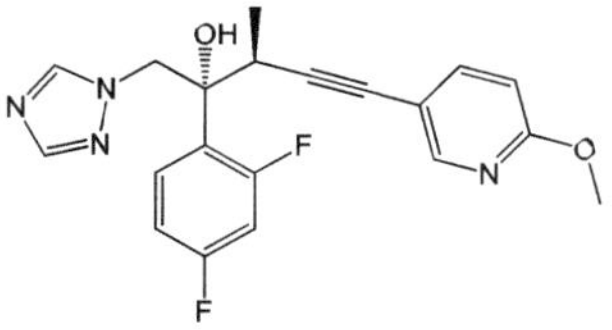	6.301
4*	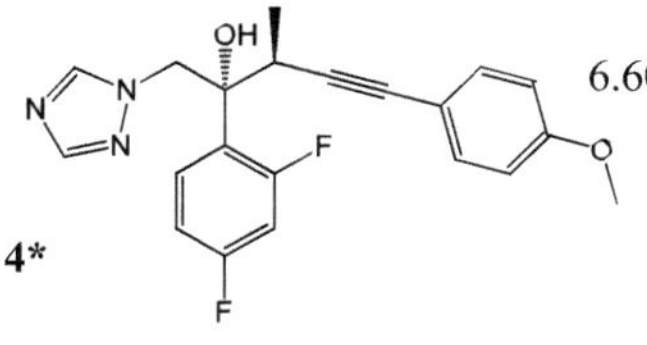	6.602	18	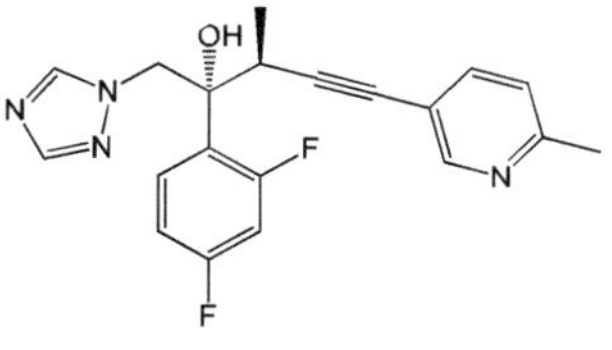	6.000
5	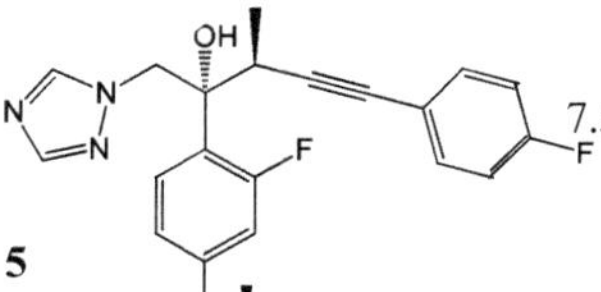	7.505	19	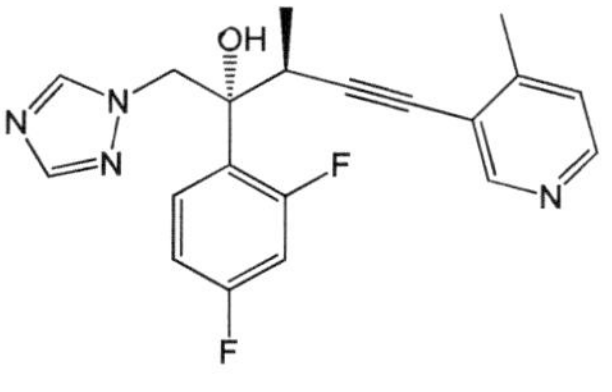	6.000
6	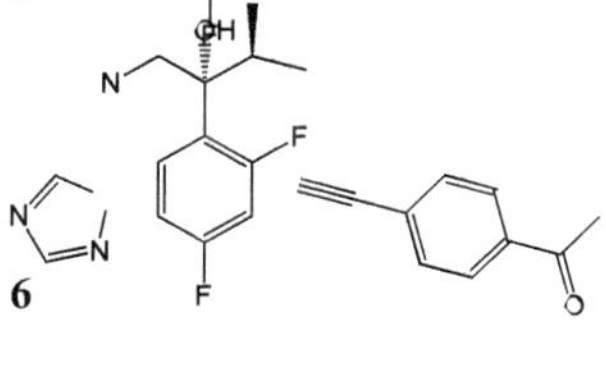	7.806	20	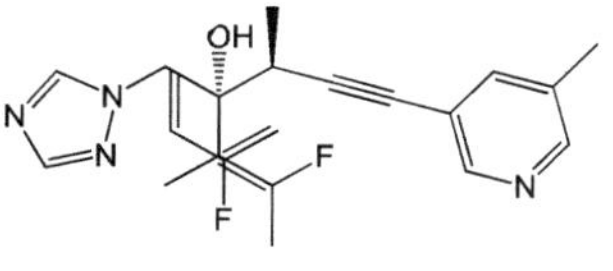	5.698

7	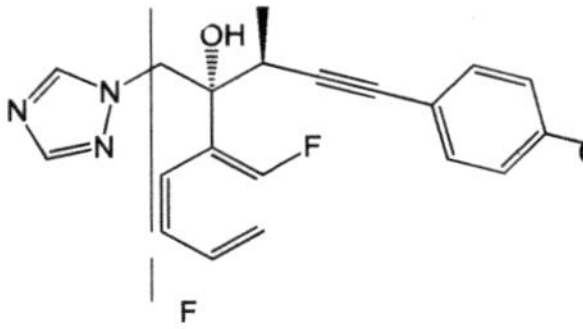	6.602
8*	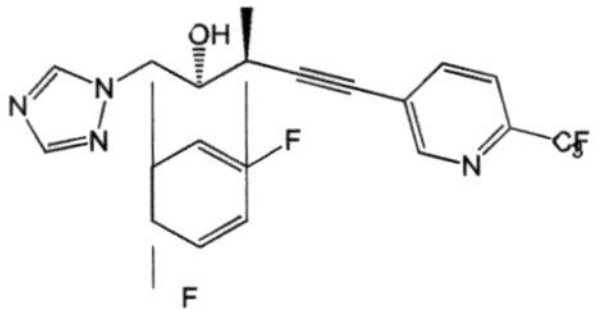	6.301
9*	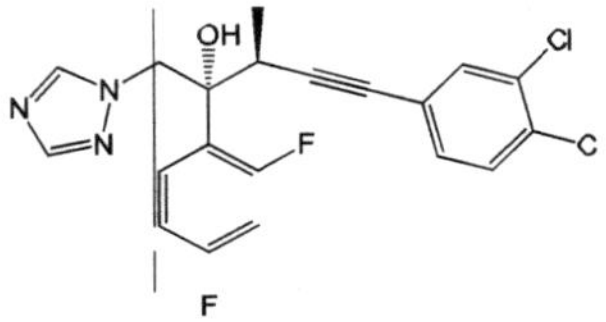	6.301
10*	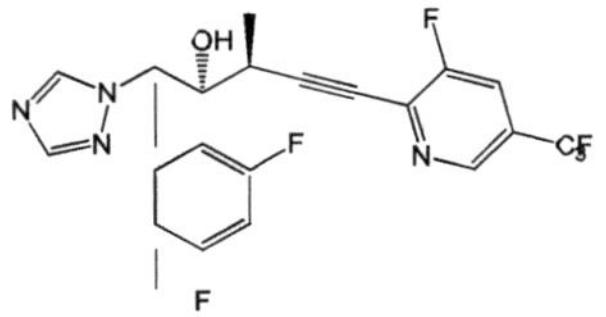	6.301
11	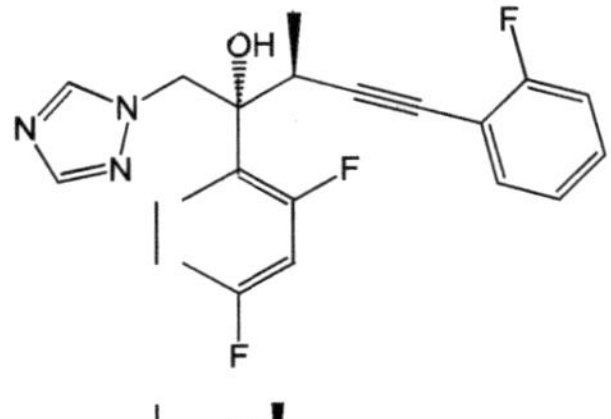	6.602
12	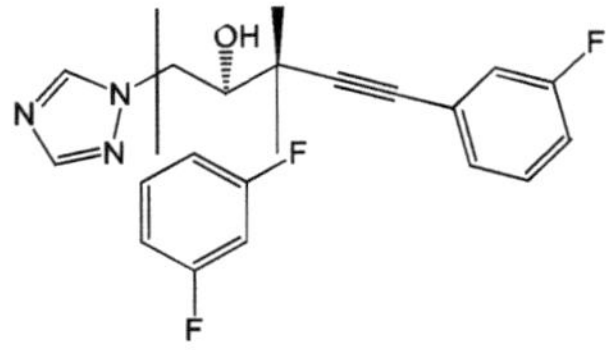	6.602
21	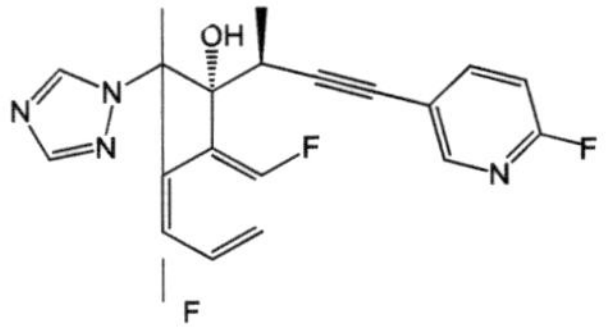	7.505
22	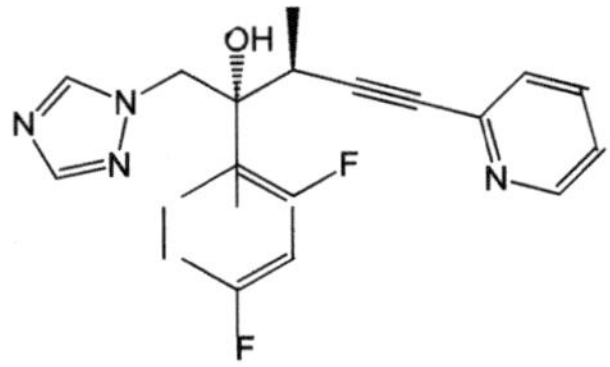	6.000
23	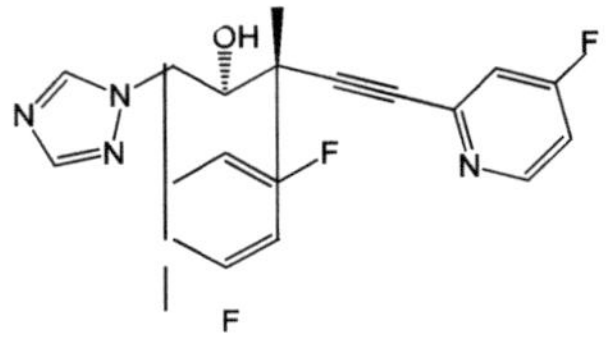	5.397
24	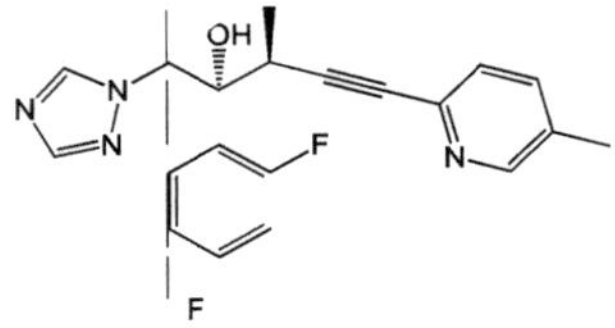	6.301
25	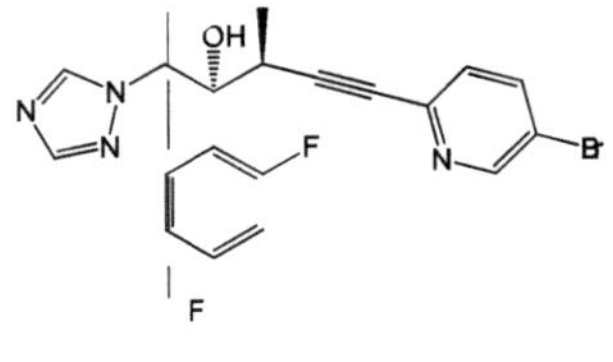	6.602
26	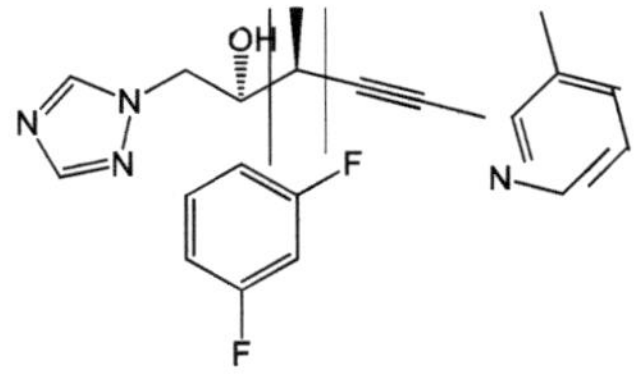	5.397

13 6.602 **27** 5.397

14 6.602

*Moléculas do conjunto de ensaio

Alinhamento molecular

Neste trabalho, todas as análises de modelação molecular foram simuladas utilizando o pacote SYBYL-X2.0 que corre num computador de secretária com Windows 7, 64 bits [23]. As estruturas 3D dos derivados de 1,2,4-triazol foram cuidadosamente construídas utilizando a técnica SKETCH acessível na aplicação SYBYL e foram minimizadas utilizando o campo de força Tripos [24]. As cargas parciais atómicas de Gasteiger-Hückel foram estimadas [25] pela abordagem de Powell com um critério de convergência de 0,01 Kcal/mol Å [26] ao longo do procedimento de minimização. Após a modelação e minimização da estrutura, a base de dados do utilizador foi submetida a uma técnica de alinhamento molecular utilizando a molécula **N°6**, que é o composto mais ativo do conjunto de dados, como referência, e a utilização do módulo Distill no programa SYBYL-X2.0.

Modelação 3D-QSAR

As estratégias CoMFA e CoMSIA foram realizadas usando o programa Sybyl X-2.0. A metodologia CoMFA [27] foi realizada com base no princípio dos campos electrostáticos e estéricos, para além do potencial de Lennard Jones e de Coulomb. Para as energias estéricas e electrostáticas, foi utilizado o átomo de carbono hibridizado sp^3 com um raio de Van Der Waals de 1,52 e uma carga líquida de +1,0, juntamente com uma taxa padrão de 30 kcal/mol para cálculos de corte de energia [28]. Por outro lado, o método CoMSIA [29] já foi utilizado para calcular outros campos, como o hidrofóbico, o doador de ligações de hidrogénio e o aceitador, para além do estérico e do eletrostático. Os mesmos factores são incorporados na técnica CoMFA. A estratégia dos mínimos quadrados parciais [30] foi posta em prática para estabelecer uma associação linear entre os descritores CoMFA e CoMSIA e a atividade da *C. Albicans*. A ferramenta de validação cruzada leave-one-out (LOO) pode ser acedida numa análise discriminante de mínimos quadrados parciais (PLS-DA), para obter dois parâmetros estatísticos, o número ótimo de componentes (N) e o coeficiente de correlação de validação cruzada (Q^2). O valor de N foi tomado uma vez para determinar o coeficiente de correlação (R^2) e o valor do teste F (F), bem como o erro padrão da estimativa (Scv), através da utilização da técnica de validação não cruzada. Os resultados R^2, Q^2, e Scv foram utilizados para impulsionar um modelo robusto e de alta qualidade.

Teste de aleatorização Y

A investigação de aleatorização Y foi posta em ação para avaliar a competência dos modelos QSAR CoMSIA e CoMFA gerados [31]. Os valores $pMIC_{80}$ foram misturados aleatoriamente e foi gerado um novo QSAR 3D após cada permutação. Como resultado, se obtivermos valores baixos para Q^2 e R^2, os primeiros modelos são bons e podem ser adoptados para prever a atividade de *C. Albicans* de novos scaffolds aconselhados. Se não for esse o caso, os modelos mais adequados falham devido ao problema de sobreajuste do conjunto de treino.

Docagem molecular

A modelação de acoplamento molecular é amplamente utilizada como um instrumento necessário na investigação sobre o desenvolvimento de medicamentos [32]. Determina com êxito a conformação e o mecanismo de ligação do ligando ao local de ligação ao recetor. Na investigação atual, o acoplamento molecular foi executado utilizando o programa Autodock Vina [33]. A estrutura cristalina de *C. Albicans* foi obtida a partir do Protein Data Bank (PDB: 4UYM) com uma resolução de 2,55 Å, em que o recetor 4UYM foi preparado eliminando as moléculas de água, o ligando mais importante nele situado e todos os elementos não proteicos. Posteriormente, os átomos de hidrogénio polares são entregues ao recetor 4UYM. A grelha de caixas foi construída nas seguintes direcções x = 28, y = 28, z = 28 dentro do sítio ativo do recetor 4UYM com um espaçamento de pontos da grelha de 1 Å. As coordenadas do centro da rede são x = 131,34, y = 194,572 e z = 1,239. A molécula mais ativa do conjunto de dados (composto **C6**), a molécula satisfatoriamente recomendada (molécula P1) e o medicamento de referência (Fluconazol) foram esboçados e optimizados e, em seguida, encaixados nas potenciais interacções no recetor 4UYM. Uma vez concluído o processo de acoplamento molecular, os resultados recebidos foram analisados utilizando os pacotes Discovery Studio 2016 [34] e PyMol [35].

Simulações de Dinâmica Molecular (MD)

Para efetuar simulações de dinâmica molecular (MD), foi aplicado o programa GROMACS simulation bundle (GROMACS 2020.4). A simulação MD dos três complexos (composto n.º 6, fluconazol e complexos proteicos do composto **P1**) foi efectuada durante 100 ns em água, utilizando o campo de forças CHARMM36 [36]; a trajetória e os arquivos de potência foram escritos a cada 10 ps. As moléculas de água TIP3P foram utilizadas para solvatar o sistema numa caixa octaédrica truncada. A proteína foi centrada no recipiente de simulação com uma distância mínima da área da caixa de 1 nm para cumprir a convenção de imagem mínima de forma competente. Os iões de potássio/cloro foram fornecidos ao complexo para neutralizar o sistema global. A minimização foi posta em prática para 5000 passos utilizando a ferramenta Steepest Descent, e a convergência foi concluída dentro da força máxima < mil (KJ.mol^{-1} .nm^{-1}) para eliminar quaisquer conflitos estéricos. Todos os sistemas foram regulados em conjuntos NVT e NPT para 100ps (50.000 passos) e 1000ps (1.000.000 passos), o uso de passos de tempo 0,2 e 0,1 fs, respetivamente, a uma temperatura de 300K para garantir um dispositivo absverso para a produção [37]. As corridas de fabrico para simulação foram executadas a uma temperatura constante de 300 K e a uma tensão de 1 atm ou bar (NPT), utilizando algoritmos de Parrinello-Rahman de fraco acoplamento de velocidade (termóstato de Berendsen modificado), respetivamente. Os tempos de relaxação utilizados foram τ T = 0,1 ps e τ P = 2,0 ps. O algoritmo Linear Constraint Solver (lincs) foi utilizado para manter todos os comprimentos de ligação que envolvem o hidrogénio rígidos nos comprimentos de ligação ideais, com um passo de tempo de 2 fs. As interacções não ligadas foram calculadas através da técnica de verlet. Foram implementadas condições de fronteira periódicas (PBC) em todas as direcções x, y e z. Em cada passo de tempo, foram calculadas as interacções dentro de um limite de curto alcance de 1,2 nm [38]. As duas interacções e forças electrostáticas foram calculadas utilizando a técnica Particle Mesh Ewald (PME) para acomodar um meio homogéneo no exterior do corte de longo alcance. Finalmente, a produção foi executada durante 100 ns para o complexo.

Cálculos de energia de ligação

A técnica de área de superfície de Born generalizada da mecânica molecular de uma média (MM/GBSA) [39-41] incluída no software MOLAICAL [42] foi utilizada para calcular as energias de ligação relativas, em que o ligando (L) se liga ao recetor proteico (R) para construir o complexo (RL),

$$\Delta G_{bind} = \Delta G_{RL} - \Delta G_R - \Delta G_L$$

As contribuições de várias interacções podem representar isto,

$$\Delta G_{bind} = \Delta H - T\,\Delta S = \Delta E_{MM} - \Delta G_{Sol} - T\Delta S$$

Em que as alterações da mecânica molecular da fase gasosa (ΔE_{MM}), a energia de Gibbs de solvatação (ΔG_{Sol}) e a entropia conformacional ($-T\Delta S$) são decididas da seguinte forma: ΔE_{MM} é a soma das modificações das energias electrostáticas ΔE_{ele}, das energias de van der Waals ΔE_{vdW}, e das energias internas ΔE_{int} (interacções de ligação); ΔG_{Sol} é o total da solvatação polar (calculada através do modelo generalizado de Born) e da solvatação não polar (calculada através da área de superfície acessível ao solvente) e $-T\Delta S$ é calculada através da análise do modo padrão, uma vez que apenas estamos preocupados com as energias de ligação relativas, esta secção não foi considerada para reduzir os custos de cálculo. Os cálculos MM/GBSA utilizaram uma constante dieléctrica do solvente de 78,5 e um valor de tensão superficial de 0,03012 kJ mol^{-1} Å^2.

Semelhança de medicamentos e previsão ADMET

Muitos investigadores enfrentam desafios significativos na descoberta de potenciais terapêuticas contra doenças-alvo. Ainda assim, muitos medicamentos não chegam à fase de experimentação clínica, devido às suas fracas características de ADME (absorção, distribuição, metabolismo, excreção) e toxicidade [40,44]. Por esse motivo, e para evitar mais problemas relacionados com os compostos recomendados, calculámos as propriedades farmacocinéticas destas novas entidades candidatas utilizando os servidores online pkCSM [45] e SwissADME [46].

Resultados e discussões

Alinhamento molecular

Uma abordagem de alinhamento simples alinhou todas as vinte e sete moléculas num núcleo habitual. Uma vez que a molécula **C6** é a molécula mais ativa de toda a base de dados, foi adoptada como estrutura de referência.

Resultados do CoMFA e do CoMSIA

As combinações entre campos electrostáticos e estéricos foram aplicadas para criar o modelo CoMFA. Enquanto as diversas combinações entre ligações de hidrogénio estéricas, electrostáticas, hidrofóbicas, aceitadoras e doadoras foram executadas para criar o modelo CoMSIA. Os resultados obtidos com os modelos CoMFA e CoMSIA são ilustrados na Tabela 2. Os resultados mostram que o modelo CoMFA fornece um bom valor R^2 de 0,915, um valor F de 38,377 e um pequeno Scv (0,236).

Para além disso, o coeficiente de validação cruzada Q^2 tem um valor de 0,56. O número ótimo de componentes utilizados para construir o modelo CoMFA é de 4. Entretanto, o modelo cautelado foi submetido a uma verificação externa para testar a sua capacidade. O valor R^2 adquirido (0,915) evidenciou a competência previsional correcta do modelo CoMFA construído. Além disso, a proporção de influências estéricas e electrostáticas foi revelada como sendo de 40:60, demonstrando que as interacções electrostáticas são muito mais necessárias do que as estéricas. Por outro lado, o modelo CoMSIA tem um coeficiente Q^2 bem validado = 0,568, um c o e f i c i e n t e de correlação R^2 = 0,884 e um coeficiente externo R^2 test= 0,918, bem como quatro números óptimos de componentes. A Tabela 2 revela que os campos mais importantes que influenciam a atividade *da C. Albicans* são a eletrostática, a ligação de hidrogénio do aceitador e a hidrofóbica, com os seguintes rácios 0,366, 0,259 e 0,221, respetivamente. Estas constatações estatísticas elucidaram a excelente capacidade preditiva dos modelos CoMFA e CoMSIA recomendados, tal como ilustrado na Fig. 5. Os valores pMIC80 encontrados e estimados para os vinte e sete andaimes utilizados na construção de cada modelo CoMFA e CoMSIA estão registados na Tabela 3.

Quadro 2 Modelos QSAR CoMFA e CoMSIA recomendados e respectivos resultados estatísticos

Modelo	Q^2	R^2	Scv	F	N	R^2 test	Fracções				
							Libra	Elétrico	Acc	Não	Hidráulica
CoMFA	0.560	0.900	0.236	38.377	4	0.915	0.405	0.595	-	-	-
CoMSIA	0.568	0.884	0.255	32.481	4	0.918	0.058	0.366	0.259	0.097	0.221

Q^2 : coeficiente de determinação com validação cruzada, R^2 : coeficiente de determinação sem validação cruzada, Scv: erro padrão da estimativa. F: valor do teste F, N: número ótimo de componentes, R^2 : coeficiente de determinação da validação externa.

Tabela 3. Actividades $pMIC80$ reais e estimadas das 27 moléculas de triazóis estudadas

CoMFA				CoMSIA	
Não	pMIC80	Previsto	Resíduos	Previsto	Resíduos
1	6.000	5.754	0.246	5.781	0.219
2*	6.602	6.578	0.024	6.579	0.023
3	7.204	7.135	0.069	7.137	0.067
4*	6.602	6.572	0.030	6.579	0.023
5	7.505	7.424	0.081	7.44	0.065
6	7.806	7.848	-0.041	7.877	-0.070
7	6.602	6.633	-0.030	6.671	-0.068
8*	6.301	6.282	0.019	6.281	0.020
9*	6.301	6.421	-0.119	6.42	-0.118
10*	6.301	6.264	0.037	6.264	0.037
11	6.602	6.723	-0.120	6.721	-0.118
12	6.602	6.324	0.278	6.331	0.271
13	6.602	6.762	-0.159	6.742	-0.139
14	6.602	6.331	0.271	6.317	0.285
15	6.301	6.147	0.154	6.156	0.145
16	6.602	6.56	0.042	6.573	0.029
17	6.301	6.324	-0.022	6.316	-0.0149
18	6.000	6.371	-0.371	6.389	-0.389
19	6.000	5.724	0.276	5.737	0.263
20	5.698	5.834	-0.135	5.827	-0.128
21	7.505	7.000	0.505	6.979	0.526
22	6.000	5.907	0.093	5.92	0.080
23	5.397	5.721	-0.323	5.73	-0.332
24	6.301	6.081	0.220	6.103	0.198
25	6.602	6.292	0.310	6.292	0.310
26	5.397	5.426	-0.028	5.436	-0.038
27	5.397	5.318	0.079	5.311	0.086

* Moléculas do conjunto de teste

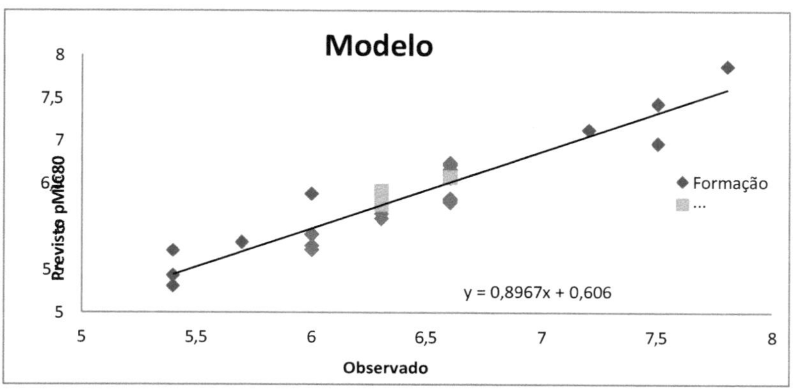

Fig. 5 Atividade real versus estimada de *C. Albicans* das 27 moléculas de 1,2,4-triazol utilizando o modelo CoMSIA

2.2.Y-Randomização Resultado do teste

Os modelos CoMSIA e CoMFA construídos foram submetidos à validação Y-Randomization para provar a sua força e eficiência. Os valores muito pequenos de Q^2 e R^2 apresentados na Tabela 4 clarificam a força particular dos modelos criados. Consequentemente, os modelos CoMFA e CoMSIA promovidos não são comprados aleatoriamente nesta avaliação e têm uma robustez extrema.

Tabela 4 Os valores Q^2 e R^2 após muitas avaliações de aleatorização Y

Iteração	CoMFA		CoMSIA	
	Q2	R2	Q2	R2
Original	0.560	0.900	0.568	0.884
1	-0.242	0.633	-0.627	0.485
2	-0.271	0.701	-0.393	0.698
3	-0.402	0.638	-0.020	0.719
4	-0.100	0.709	-0.249	0.585

Resultados dos mapas de contorno CoMFA

Os gráficos de contorno CoMFA foram feitos para explicar os efeitos electrostáticos e estéricos na atividade *do C. Albican*. Torna-se possível estabelecer as entidades favoráveis e adversas para o movimento, como mostra a Fig. 6. Os mapas de contorno verdes em torno da região orto do fenilo e das metilas realçam a importância da introdução de entidades volumosas nestas posições para melhorar a atividade (Fig. 6a). Entretanto, os contornos amarelos em torno do sítio orto e do sítio *meta* próximo da porção fenilo mostram que entidades enormes podem diminuir a atividade das moléculas de 1,2,4-triazol (Fig. 6a). Por outro lado, os contornos azuis em torno das regiões *orto* e *meta* do grupo fenilo elucidam que os substituintes doadores de electrões podem aumentar a atividade (Fig. 6b). Da mesma forma, o contorno vermelho em torno do átomo de hidrogénio do grupo metilo prova que as moléculas com carácter de retirada de electrões neste local são úteis para a atividade. A análise favorecida irá levar-nos a determinar que uma boa porção terá uma função importante no reforço da recriação de compostos.

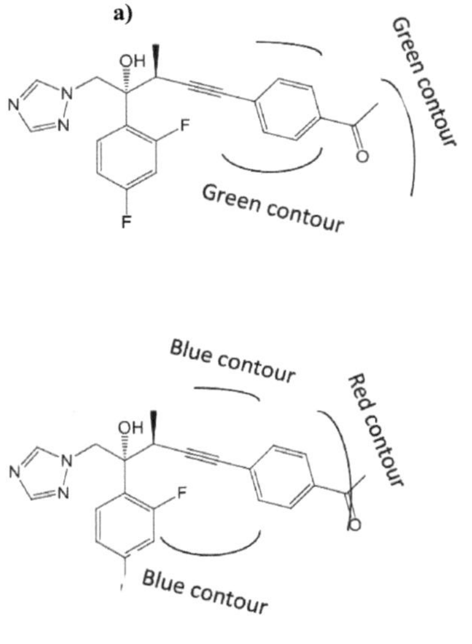

Fig. 6 Mapas de contornos resultados do modelo CoMFA

Resultados dos mapas de contorno CoMSIA

Os gráficos de contorno do CoMSIA mostram a influência dos efeitos de muitos factores na atividade *do C. Albican*, mais do que os campos electrostáticos e estéricos, como as ligações H hidrofóbicas, doadoras e aceitadoras. A Fig. 7a mostra o contorno amarelo em torno da posição meta do grupo fenilo, indicando que entidades enormes neste local podem limitar a atividade. Enquanto que o contorno verde em torno das posições *orto* e *meta* da fração fenilo e do grupo metilo mostra que as grandes empresas nestas posições podem querer aumentar a potência da fração 1,2,4-triazol. O contorno azul em torno da posição *orto* do grupo fenilo demonstra, sem dúvida, que as entidades doadoras de electrões nesta vizinhança são necessárias para a atividade do *C. Albicans* (Fig. 7b). Enquanto o contorno púrpura em torno do grupo cetona ilustra como os grupos com propriedades de retirada de electrões podem aumentar a potência do composto. No caso do CoMSIA hidrofóbico, os contornos brancos em torno das porções *orto* e *meta* da parte fenil sugerem que a adição de substâncias hidrofílicas melhorará a potência ((Fig. 7c). Pelo contrário, o contorno amarelo em torno da fração metilo expõe que esta função é favorecida apenas pelas fracções hidrofóbicas para aumentar a atividade. Na Fig. 7d, o contorno vermelho em torno da posição *orto* do fenilo mostra bem a função integral dos grupos aceitadores de ligações de hidrogénio para enriquecer a potência das moléculas. A Fig. 7d mostra que o contorno magenta em torno do sítio *meta* do substituinte fenilo sugere que as moléculas com comportamento de aceitador de ligações de hidrogénio são preferidas para aumentar a potência. A Fig. 7e mostra que o contorno cor-de-rosa que cobre o átomo de hidrogénio do ciclo dos triazóis propõe que os grupos de personalidade doadores de ligações de hidrogénio podem minimizar a atividade.

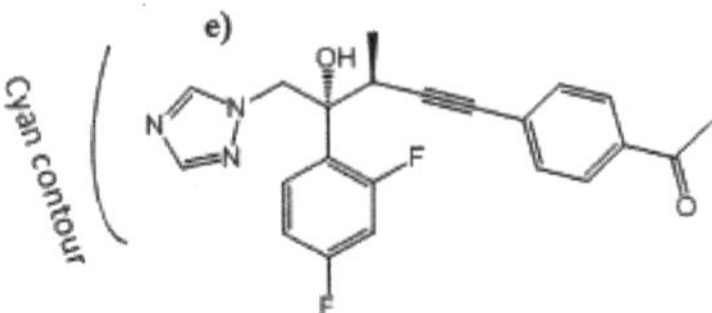

Fig. 7 Mapas de contornos resultados do modelo estabelecido pelo CoMSIA

Novos compostos concebidos para *C. Albicans*

As características estruturais obtidas a partir dos mapas de contorno recomendados foram utilizadas para propor três novos inibidores de *C. Albicans* com atividade adequada. Os novos compostos sugeridos **P1**, **P2** e **P3** apresentam valores de pMIC80 de primeira classe em comparação com o composto **N°6** (pMIC80 = 7,806), que é o composto mais ativo do conjunto de dados. Estas estruturas foram validadas pela sua estabilidade na utilização da análise de acoplamento molecular. A Tabela 5 demonstra a construção das novas entidades recomendadas juntamente com as suas actividades em *C. Albicans*.

Tabela 5 Estruturas de compostos recentemente desenvolvidos e previsões pMIC80

| | | Previsto pMIC80 | |
N°	Estruturas químicas	CoMFA	CoMSIA
P1		8.281	8.317
P2		7.832	7.873

| P3 | 7.870 | 7.893 |

Resultados do Docking Molecular

O contraste de docagem molecular foi posto em ação para revelar o modo de ligação potencial das moléculas de 1,2,4-triazol estudadas no recetor da bolsa do sítio ativo. O inibidor mais ativo do conjunto de dados (molécula **C6**), o fármaco de referência (Fluconazol) e o inibidor recomendado (molécula **P1**) foram acoplados molecularmente nas potenciais interacções no recetor 4UYM (PDB: 4UYM). As consequências do acoplamento estão demonstradas nas Figs. 9, 10, 11 e 12. A energia de ligação dos compostos de 1,2,4-triazol estudados é ilustrada na Tabela 6.

O composto **P1**, que apresenta uma excelente atividade prevista para *o C. Albicans*, tem um poder de ligação mais elevado do que os compostos **C6** e Fluconazol, o que sugere que o composto **P1** será um inibidor mais viável do *C. Albicans do* que os outros. A Fig. 9 sugere a qualidade da pose dos três compostos acoplados e estes estão localizados num local igual, o que valida o desejo de um recetor da bolsa do local ativo. Como indicado na Fig. 10, o composto **C6** interagiu bem com o recetor-alvo e tem resíduos de aminoácidos adicionais. O átomo de oxigénio da equipa da acetofenona fez duas interacções convencionais de ligação de hidrogénio com os resíduos His374 e Ser375 com distâncias de 2,85 Å e 3,05 Å, respetivamente. Devido à função crucial das interacções de ligação de hidrogénio na estabilização de compostos, o átomo de oxigénio no grupo anterior contribuirá para a estabilização do composto **C6**. A porção do anel de acetofenona adiciona interacções pi-sigma, amida-pi empilhada e pi-alquilo com os resíduos Leu503 (3,67 Å), Phe504 (5,22 Å) e Ile373 (4,04 Å), respetivamente. Foi encontrada uma interação de ligação de hidrogénio entre a equipa hidroxilo (-OH) e o resíduo Tyr136. As restantes interacções do composto N.º 6 são alquilo/pi-alquilo e pi-pi-T como interacções de van der Waals com resíduos e distâncias excepcionais. As interacções actuais conferem ao composto **C6** uma estabilidade adequada na atividade no que respeita ao recetor em causa. Tal como referido anteriormente, a docagem molecular foi adicionalmente efectuada com o fluconazol, que é o fármaco mais utilizado clinicamente, por um lado, para fazer uma avaliação entre este fármaco e a molécula proposta em termos de estabilidade, para verificar a toxicidade do fármaco do composto **P1**. Voltando à Fig. 11, a simulação de acoplamento molecular do Fluconazol mostra muitas interacções favoráveis como ligações hidrofóbicas e de hidrogénio que explicam o valor farmacológico do Fluconazol como medicamento antifúngico. Assim, o composto **P1**, que tem uma atividade melhor do que a esperada para o composto C6, é utilizado para acoplar de forma semelhante ao composto C6 e apresenta tipos e quantidades adicionais de interacções com o recetor estudado. O grupo do dióxido de azoto, com base principalmente nos elementos estruturais extraídos dos mapas de contorno criados, formou 2 interacções convencionais de ligações de hidrogénio com os resíduos Tyr122 e Tyr68 a 2,93 Å e 2,75 Å, respetivamente (Fig. 12). O grupo igual também já teve interacções de ligação de hidrogénio-carbono com os resíduos His374 (3,36 Å) e Ser375 (3,34 Å). O substituinte acetofenona da molécula **P1** estabeleceu interacções convencionais de ligação de hidrogénio com os resíduos Ser375 e His374 a 2,93 Å e 2,75 Å, respetivamente. O anel do grupo acetofenona apresenta três tipos de interação: pi-alquilo, pi-sigma e pi-pi-T com Ile373 (4,07 Å), Leu503 (3,61 Å) e Phe504 (5,16 Å), respetivamente. O grupo hidroxilo, que se encontra próximo da fração 1,2,4-triazol, permitiu uma interação convencional de ligação de hidrogénio com o resíduo Tyr136 (3,06 Å). O composto **P1** permite interacções alquídicas e pi-alquídicas com resíduos e distâncias extraordinários. Por conseguinte, estes vários tipos de interacções (ligações hidrofóbicas e de hidrogénio) conferiram ao composto **P1** uma estabilidade desejável no sítio ativo do recetor utilizado. Por último, mas não menos importante, quando examinamos a grande variedade e os tipos de interacções favoráveis, bem como o poder de ligação entre o Fluconazol e o composto **P1**, torna-se claro que o composto **P1** é muito mais provável do que o Fluconazol.

Tabela 6 A energia de ligação calculada das moléculas acopladas

Inibidor	Energia de ligação (Kcal/mol)
C6	-9.100
Fluconazol	-6.700
P1	-9.300

Tabela 7 Energia de ligação e análise de acoplamento dos compostos **C6**, **P1** e **Fluconazol**

Comp	Energia de ligação (Kcal/mol)	Interação Resíduos	Tipo de obrigação	Distância de ligação (A°)
C6	-9.100	Seu A: 374	H-BondH- Bond H-	2.85
		Ser A :374	Bond Pi- Sigma	3.05
		Tyr A :136	Pi-Pi em forma de T Pi-	2.5
		Leu A: 503	Pi em forma de T Pi-	3.67
		Phe A: 504	Alquilo	5.22
		Ala A: 303	Amida-Pi empilhada Pi-	5.02
		Ala A: 307	Alquilo	3.39
		Ile A: 373	Van der Waals	4.04
		Val A: 136 Leu A: 304		5.02
Fluconazol	-6.700	Lys A: 147	H-Ligação H-Ligação H-	3.28
		Tyr A :136 His A :	Ligação Halogénio Pi-	3.34
		461 Met A :300	Alquilo Pi-Alquilo Pi-	3.23
		Ala A: 307	Alquilo Pi-Alquilo Pi-	3.95
		Cys A: 463	Alquilo	4.16
		Val A :135	Ligação H do carbono	5.26
		Ala A :303 Leu A :		4.57
		143		4.55
		Seu A : 461		4.80
				3.26

		Seu A: 374	H-BondH- Bond H-	3.34
		Ser A :375	Bond H- Bond H- Bond	3.90
		Tyr A :122	H-Bond Pi-Sigma	3.06
		Tyr A :68	Pi-Pi em forma de Pi-	2.75
P1	-9.300	Tyr A :136	AlquilPi-AlquilPi-Alquil	3.06
		Leu A: 503	Pi-alquilo	3.61
		Phe A: 504		5.16
		Ala A: 303		5.30
		Ala A: 307		4.37
		Ile A: 373		4.07
		Val A: 135		4.91

Processo de validação de Docking Molecular

Para testar a abordagem de acoplamento e verificar a estabilidade dos ligandos acoplados, foi efectuado o reacoplamento do ligando original. apresenta uma vista sobreposta da conformação do ligando acoplado e do ligando original. O ligando original (co-cristalizado) está localizado na cavidade movimentada do recetor 4UYM num cenário. Interage com resíduos idênticos aos encontrados na confirmação do ligando acoplado com um valor de RMSD de 0,931 Å e uma energia de ligação de -12,1 kcal/mol. Por conseguinte, as consequências e a abordagem de acoplamento molecular foram fortemente verificadas e validadas.

Resultados das Simulações de Dinâmica Molecular Desvios Quadráticos Médios (RMSD)

O RMSD do complexo foi determinado com base nos átomos do "Backbone" através do software GROMACS. O gráfico RMSD (Fig. 8, Coluna A) para o complexo proteico mostra que a estrutura se manteve estável durante todo o tempo de simulação, com alguma variação dentro da variedade de ~1 Å, o que é uma atitude normal de uma proteína globular. O valor médio do RMSD da espinha dorsal é de cerca de 2 Å para os três complexos. O RMSD do ligando foi determinado para o ligando utilizando os átomos do ligando e utilizando o software GROMACS, como se mostra na (Fig.8, Coluna A). O RMSD do ligando manteve-se razoavelmente estável ao longo da simulação para os três complexos.

Flutuações da raiz quadrada média RMSF

O RMSF do complexo proteico foi determinado com base nos átomos 'C-alfa' e utilizando o software GROMACS.

Em geral, a intensidade da flutuação mantém-se abaixo de 2,5 Å, com exceção de alguns resíduos que são 231 a 240 e 426 a 432, que efectuam uma espiral ou torção na proteína (Fig. 8, coluna B).

Raio de giração (Rg)

O Rg do complexo foi calculado utilizando átomos 'C-alfa' através do software GROMACS [47]. Os três complexos apresentam um raio de giração muito estável, com uma flutuação inferior a 0,5 Å, o que indica a estabilidade e a compacidade das estruturas. A ligeira flutuação dentro do valor de 1 Å Rg ao longo dos 100 ns de simulação MD sugere um pequeno fecho e abertura das regiões terminais N e C (Fig. 8, Coluna C).

Ligações de hidrogénio (proteína-ligante)

O número de ligações de hidrogénio formadas entre a proteína e o ligando para a totalidade dos 100 ns da simulação MD é comprovado na (Fig. 9, Coluna A). No entanto, os ligandos Fluconazol e **P1** apresentam uma deficiência de interacções de ligação de hidrogénio durante a maior parte do tempo de simulação, os ligandos ainda se encontram na situação de ligação durante toda a simulação, o que indica a associação de outras interacções que estabilizam o ligando à proteína.

Distância média do centro de massa

A distância média do centro de massa entre a proteína-alvo e o ligando num ponto de 100 ns do tempo de simulação MD é apresentada na (Fig. 9, coluna B). Todos os três ligandos apresentam uma distância COM-COM estável com uma distância média de 7,5 a 9,5 Å.

Análise da frequência de contacto (FC)

Para avaliar a ligação entre a proteína 4UYM e os ligandos investigados, foi efectuada uma avaliação da frequência de contacto (CF) através do módulo *contactFreq.tcl* no VMD com um limite de 4 Å.

Análise de componentes principais (PCA)

O PCA do complexo formado foi determinado a partir da aplicação Bio3D do R.

Análise dinâmica da matriz de correlação cruzada (DCCM)

Os movimentos dinâmicos de correlação cruzada dos resíduos de proteínas do complexo foram calculados a partir do pacote Bio 3D do R. As cores variam entre o vermelho, o branco e o azul, indicando a profundidade do movimento correlacionado, em que a cor azul mostra uma correlação má, o branco representa a ausência de correlação e a cor vermelha mostra movimentos positivamente associados entre resíduos.

Energia potencial, pressão e temperatura

A energia potencial, pressão e temperatura do sistema num ponto de 100ns na simulação MD, conforme recuperado do ficheiro GROMACS. Em algum ponto ao longo das simulações de 100ns, o diagrama mostra a energia, pressão e temperatura possíveis convergidas.

Energia de ligação do MMGBSA

A abordagem Mecânica Molecular/Área de Superfície Born Generalizada (MM/GBSA) foi escolhida para a reescalonamento de complexos, uma vez que é a técnica mais rápida baseada no campo de forças que estima a energia livre de ligação, em comparação com as diferentes abordagens para calcular a energia livre, como os métodos de integração termodinâmica (TI) ou de perturbação da energia livre (FEP). De acordo com as investigações comparativas, a abordagem MM/GBSA superou a metodologia MM/PBSA (Mecânica Molecular/Área de Superfície de Boltzmann de Poisson) por uma larga margem [48]. O cálculo da MM/GBSA foi implementado uma vez através da utilização do software MolAICal [42]. A energia livre de ligação derivada é apresentada na Tabela 7. A Tabela 8 resume as simulações MD e MM/GBSA ao longo de 100 ns de simulação MD para os três complexos.

Tabela 7 Energias livres de ligação calculadas dos três inibidores testados [kcal/mol]

Complexo	ΔG	$\Delta E_{(internal)}$	$\Delta E_{(electrostat.)} + \Delta G_{(sol.)}$	$\Delta E_{(VDW)}$
C6_4UYM	-38.7584 +/- 0.1208	0	3.0074	-41.7659
Fluconazol_4UYM	-15.8532 +/- 0.0846	0	13.9374	-29.7906
P1_4UYM	-33.3424 +/- 0.0849	0	11.7189	-45.0613

Tabela 8 Lista os resultados da MD e as energias de ligação relativas da MM/GBSA para as melhores moléculas de acoplamento

Nome do composto	Dimensões da caixa de simulação	Número de neutralizantes iões	Estabilidade
C6_4UYM	92 92 92 92	2 Cl-	Estável
Fluconazol_4UYM	92 92 92	2 Cl-	Estável
P1_4UYM	92 92 92	2 Cl-	Estável

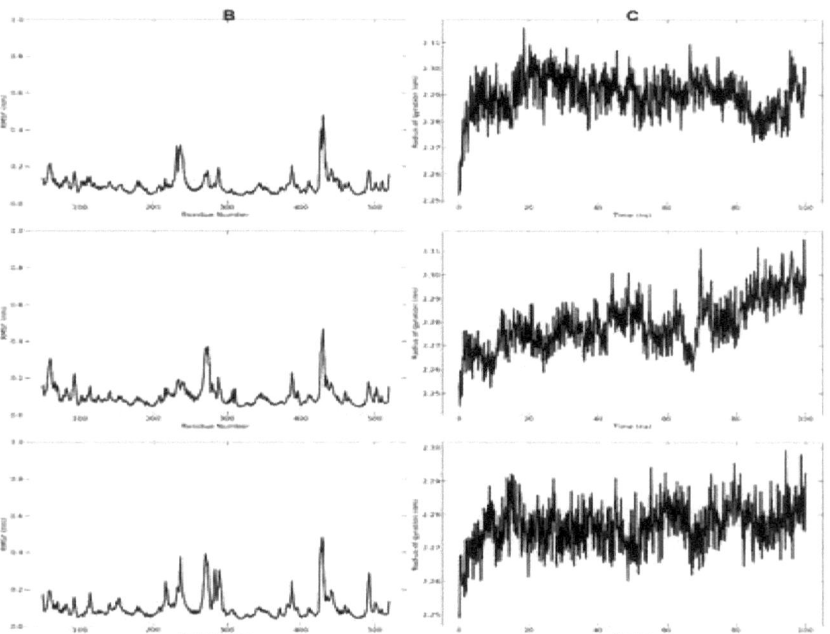

Fig. 8 (B) RMSF e **(C)** Rg dos complexos investigados ao longo de 100ns de simulação MD. **C6** (em cima), **Fluconazol** (a meio) e **P1** (em baixo)

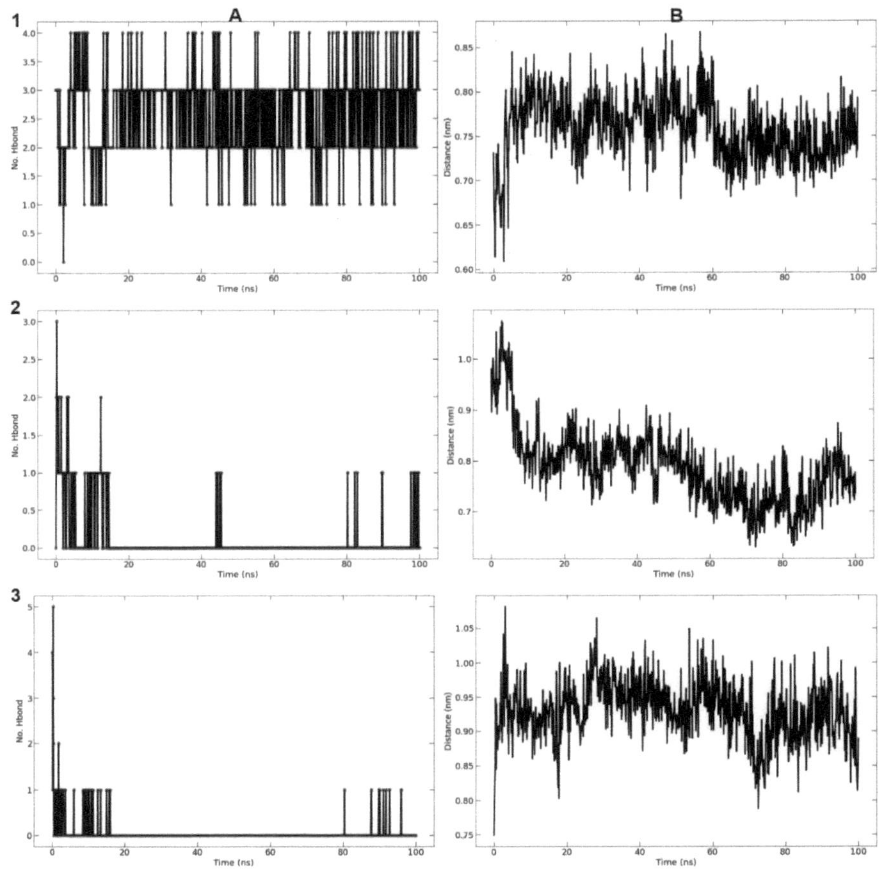

Fig. 9 Da esquerda para a direita: **(A)** Ligações de hidrogénio (proteína-ligante) e **(B)** Distância média entre o ligante e a proteína para os complexos investigados ao longo de 100ns de simulação MD. **C6** (em cima), Fluconazol (a meio) e **P1** (em baixo)

Resultados da semelhança com a droga

A regra dos cinco de Lipinski foi aplicada às moléculas sugeridas para determinar se estas moléculas são susceptíveis de ser oralmente activas em seres humanos ou não. Para este objetivo urgente, foram calculadas propriedades semelhantes às dos medicamentos para as novas moléculas de 1,2,4-triazol utilizando os servidores em linha SwissADME e pkCSM, conforme descrito no Quadro 9.

Os resultados apresentados na Tabela 9 demonstraram fortemente que os novos compostos cumprem todas as regras de Lipinski, Veber e Egan, demonstrando a ausência de dificuldades de biodisponibilidade oral para estas moléculas. Continuando, pensa-se que uma molécula com TPSA não superior a 140 Å^2 e um número de ligações rotativas inferior a 10 é mais adaptável e, portanto, mais suscetível de se ligar ao recetor específico [15]. Os resultados da Tabela 9 mostram claramente que todas as moléculas têm um valor não inferior a 10 e um valor de TPSA não superior a 140 Å^2 , pelo que as três novas moléculas podem interagir de forma flexível com o recetor em causa. Os compostos **P1**, **P2** e **P3** foram avaliados quanto à sua acessibilidade sintética para determinar se estas moléculas podem ser sintéticas ou não. A Tabela 9 mostra que todos os inibidores investigados têm valores de SA próximos de 1 e longe de 10, pelo que estas moléculas aconselhadas podem ser facilmente sintetizadas [49]. Assim, todas estas preciosas descobertas evidenciam as boas propriedades farmacocinéticas das novas entidades candidatas.

Tabela 9 Parâmetros físico-químicos das três novas moléculas de triazol

Inibição	Imóveis									
	LogP	HBD	HBA	TPSA	nrotb	MW	Lipinskis infracções	Infracções de Veber	Violações de Egan	SA
Regra	<=5	<5	<10	<140	<10	<500	<=1	<=1	<=1	0<S.A<10
P1	2.59	1	7	113.83	7	440.40	0	0	0	4.23
P2	2.27	2	6	94.03	6	410.42	0	0	0	4.13
P3	3.55	1	5	68.01	6	429.85	0	0	0	4.06
Abreviaturas	**LogP**: logaritmo dos dadores de ligações de hidrogénio partitivas, **HB** **nrotb**: número de ligações rotativas	no coeficiente te de **A**: ligações numéricas, **MW**	icient e de hidro génio : Mo	de compo rogen bon lecular W	und entre aceitadores de ds, oito, **SA**: Sy	n-octanol e **TPSA**: Acesso topoló gico	d água, **HB** gical Polar Su sibility	**D**: número da área de superfície,		

Resultados da previsão ADMET

A farmacocinética descreve o comportamento de um fármaco após a sua introdução no organismo. Os factores que influenciam a farmacocinética de um fármaco são a absorção, a distribuição, o metabolismo e a excreção (ADME). Estes últimos quatro factores fisiológicos são influenciados por muitos parâmetros, como a idade, a alimentação, o pH gástrico, a insuficiência renal e a insuficiência hepática. Nesta secção, os compostos 1,2,4-triazóis recomendados P1, P2 e P3 foram submetidos a uma análise ADMET utilizando o servidor online pkCSM para investigar e avaliar a sua ADMET e toxicidade, bem como para determinar os factores que os influenciam. Os resultados são apresentados na Tabela 10.

Relativamente à absorção intestinal, um valor superior a 30% indica que a absorção é grandiosa [15]. De facto, a absorção de um fármaco depende de vários factores. O aumento do pH gástrico ou a utilização de quelantes intestinais podem limitar a absorção do fármaco. A inibição do metabolismo intestinal ou dos transportadores de efluxo aumenta a absorção, enquanto a indução das mesmas enzimas ou transportadores a diminui. O vómito pode também limitar a absorção intestinal. Os resultados do quadro 10 mostram que as três novas moléculas apresentam um valor de absorção muito importante, o que significa que são bem absorvidas pelo organismo.

A permeabilidade da barreira hemato-encefálica (BHE) é o principal parâmetro utilizado para descrever a distribuição dos medicamentos. É considerada satisfatória se o seu valor for superior a 0,3 e insatisfatória se o seu valor for inferior a 0,3. Além disso, as investigações têm demonstrado consistentemente que os idosos têm uma distribuição de medicamentos alterada devido ao aumento do tecido adiposo, à diminuição da água corporal total e à diminuição dos níveis de albumina [50]. Assim, a Tabela 10 indica uma BBB não penetrante para os novos *inibidores de C. Albicans.* Além disso, o citocromo P450 (CYP) é uma enzima desintoxicante fundamental observada em todos os tecidos humanos [18]. De facto, a enzima CYP oxida os microrganismos estranhos para facilitar a sua excreção. Os inibidores desta enzima podem influenciar o metabolismo do medicamento, e o medicamento pode também ter uma influência inversa [51]. Por esta razão, a avaliação da capacidade de novas moléculas para inibição dos citocromos (CYP) tornou-se extremamente dispensável. O CYP3A4 (inibidor e substrato) é o subtipo mais importante do CYP P450, pelo que centrámos a nossa explicação neste tipo para avaliar os novos scaffolds recomendados em termos de metabolismo. A Tabela 10 mostra claramente que os inibidores recomendados P1, P2 e P3 inibem o substrato e o inibidor do CYP3A4, provando que podem ser metabolizados no fígado. Por outro lado, o metabolismo é diminuído pela redução do peso do fígado e do débito sanguíneo hepático, enquanto o número de citocromos (CYPs), difosfato de uridina-glucuronosiltransferases (UGTs) e transportadores hepáticos se revelaram independentes da idade [52]. A associação entre a concentração do medicamento no organismo e o grau de eliminação do medicamento é descrita pela depuração [53]. De facto, quanto mais baixo for o índice de depuração, maior será a permanência do medicamento no organismo. No entanto, a excreção de medicamentos está diminuída nos idosos devido à redução do peso dos rins e do fluxo sanguíneo renal e, por conseguinte, da taxa de filtração glomerular. As descobertas adquiridas mostram que todas as novas moléculas têm um preço reduzido do índice de depuração, o que significa que estas moléculas também podem persistir no corpo humano. Por fim, as novas moléculas candidatas foram examinadas quanto à sua toxicidade utilizando o teste de Ames para saber se são ou não tóxicas. Felizmente, as três moléculas recomendadas não apresentam toxicidade. Assim, podemos dizer que as novas moléculas satisfazem todas as condições farmacocinéticas avaliadas neste trabalho. Portanto, elas podem ser autorizadas como medicamentos para *C. Albicans* no futuro.

Quadro 10 Propriedades ADMET *in silico* das novas moléculas de *C. Albicans*

	ModelosComposto **P1**	Composto **P2**
	Composto **P3**	
Absorção (A)		
Absorção intestinal (humano)	80.196	76.02	96.572
Distribuição (D)		
Barreira hemato-encefálica (logBB)	-1.277	-0.752	-0.919
Metabolismo (M)		
Inibidor do CYP1A2	Não	Não	Não
Inibidor do CYP2C9	Sim	Não	Sim
Inibidor do CYP2D6	Não	Não	Não
Inibidor do CYP2C19	Sim	Sim	Sim
Inibidor do CYP3A4	**Sim**	**Sim**	**Sim**
Substrato CYP2D6	Não	Não	Não
Substrato do CYP3A4	Sim	Sim	
	Sim **Excreção (E)**	
Apuramento	0.51	0.414	0.222
Toxicidade (T)		
Toxicidade AMES	**Não**	**Não**	**Não**

Conclusão

Esta investigação investigou a relação estrutura-atividade entre vinte e sete compostos 1,2,4-triazóis e a sua atividade em *C. Albicans* utilizando a análise 3D-QSAR. A esplêndida capacidade preditiva dos modelos CoMFA e CoMSIA indicou que os modelos recomendados poderiam ser adoptados com precisão para estimar a atividade de novos inibidores não sintetizados de C. *Albicans*. Além disso, os gráficos de contorno construídos pelos modelos sugeridos produziram orientações adequadas para identificar as facetas estruturais primárias que induziram a atividade. Assim, foram recomendadas e concebidas três novas moléculas de 1,2,4-triazol com uma incrível atividade contra *C. Albicans*. O acoplamento molecular foi utilizado para inspecionar a estabilidade das moléculas de 1,2,4-triazol e do fármaco Fluconazol na bolsa do recetor visado. Por conseguinte, a molécula proposta **P1** confirmou um resultado de acoplamento molecular correto e é estável. Para além do que precede, as simulações de dinâmica molecular mostraram que o composto **P1** tem melhores resultados do que o fluconazol. A biodisponibilidade oral e a toxicidade dos novos derivados de triazol propostos foram investigadas utilizando ADMET *in silico*. Apresentaram resultados ADME exactos e não se observou que fossem venenosos com a ajuda do teste de Ames. Estes resultados apreciados do composto **P1** serão de grande importância no tratamento de infecções por *C. Albicans*.

Agradecimentos

Dedicamos este trabalho à "Moroccan Association of Theoretical Chemists" (MATC) pela sua ajuda pertinente relativamente aos programas.

Referências

1.   Torabi I, Sharififar F, Izadi A, Mousavi SAA (2022) Efeitos inibitórios de diferentes fracções separadas do extrato padronizado de Myrtus communis L. contra Candida albicans suscetível à nistatina e resistente à nistatina isoladas de pacientes seropositivos. Heliyon. 8: e09073. https://doi.org/10.1016/j.heliyon.2022.e09073

2.   Calderone R, Clancy C (2012) Candida and Candidiasis. 2ª ed. Washington, DC: Sociedade Americana de Microbiologia.

3.   Ghannoum MA, Jurevic RJ, Mukherjee PK, Cui F, Sikaroodi M, Naqvi A, Patrick PM (2010) Caracterização do microbioma fúngico oral (micobioma) em indivíduos saudáveis. PloS Pathog 6:e1000713. https://doi.org/10.1371/journal.ppat.1000713

4.   Yin S, Li L, Su L, Li H, Zhao Y, Wu Y, Liu R, Zou F, Ni G (2002) Síntese e atividade antifúngica sinérgica in vitro de análogos da saponina de Panax stipulcanatus contra Candida albicans resistente ao fluconazol. Carbohydr. Res 517:108575. https://doi.org/10.1016/j.carres.2022.108575

5.   Yang L, Zhong L, Ma Z, Sui Y, Xie J, Liu X, Ma T (2022) Efeitos antifúngicos da alantolactona na Candida albicans: Um estudo in vitro. Biomed Pharmacother 149:112814. https://doi.org/10.1080/21505594.2014.1000752

6.   Wall G, Montelongo-Jauregui D, Vidal Bonifacio B, Lopez-Ribot JL, Uppuluri P (2019) Crescimento e dispersão do biofilme de Candida albicans: contribuições para a patogénese. Curr. Opin. Microbiol. 52:1-6. https://doi.org/doi: 10.1016/j.mib.2019.04.001

7.   Y. Wang (2015) Looking into Candida albicans infection, host response, and antifungal strategies, Virulence 6:307-308. https://doi.org/10.1080/21505594.2014.1000752

8.   Nobile CJ, Johnson AD (2015) Biofilmes de Candida albicans e doenças humanas. Annu Rev Microbiol 69:71-92. https://doi.org/10.1146/annurev-micro-091014-104330

9.   O. Turel (2011) Newer antifungal agents. Expert Rev Anti Infect Ther 9:325-338. https://doi.org/10.1586/eri.10.163

10.   Ni T, Pang L, Cai Z, Xie F, Ding Z, Hao Y, Li R, Yu S, Chai X, Wang T, Jin Y, Zhang D, Jiang Y (2019) Projeto, síntese e avaliação antifúngica in vitro de novos derivados de triazol com cadeias laterais de alquinil. J Saudi Chem Soc 23:576-85. https://doi.org/10.1016/j.jscs.2018.10.003

11.   Liu Y, Ren H, Wang D, Zhang M, Sun S, Zhao Y (2020) Os efeitos

antifúngicos sinérgicos dos gypenosides combinados com fluconazol contra Candida albicans resistente através da inibição do efluxo de drogas e da formação de biofilme. Biomed Pharmacother, 130:110580. https://doi.org/10.1016/j.biopha.2020.110580

12.	Xu L-Z, Zhang S, Niu SY, Qin Y, Li XM, Jiao K (2004) Síntese e actividades biológicas de novos compostos de triazol com anéis de 1,3-dioxolano. Molecules 9: 913-921. https://doi.org/10.3390/91100913

13.	Acetti D, Brenna E, Fuganti C, Gatti FG, Serra S (2009) Abordagem catalisada por enzimas para a preparação de antifúngicos triazólicos: síntese de (-)-genaconazol. Tetrahedron Asymmetry 20:2413-2420. https://doi.org/10.1016/j.tetasy.2009.09.024

14.	Ahuja R, Sidhu A, Bala A, Arora D, Sharma P (2020) Abordagem baseada na estrutura para híbridos moleculares de benzimidazolil-1,2,4-triazol direccionados para enzimas gémeas como agentes antifúngicos. Arab J Chem 13:5832-5848. https://doi.org/10.1016/j.arabjc.2020.04.020

15.	Khaldan A, Bouamrane S, El-mernissi R, Maghat H, Ajana MA, Sbai A, Bouachrine M, Lakhlifi T (2021) Modelagem 3D-QSAR, docagem molecular e propriedades ADMET de derivados de benzotiazol como inibidores de a-glicosidase. Mat Pr 45:7643-7652. https://doi.org/10.1016/j.matpr.2021.03.114

16.	Huang M, Huang M, Wang X, Duan W-G, Lin G-S, Lei F-H (2022) Síntese, atividade antifúngica e estudo 3D-QSAR de novos compostos de aciltioureia contendo anel gem-dimetilciclopropano anel. Mol Divers 26: 125-136. https://doi.org/10.1007/s11030-020-10163-6

17.	Verma J, Khedkar VM, Coutinho EC (2010) 3D-QSAR in drug design-a review. Curr Top Med Chem 10:95-115. https://doi.org/10.2174/156802610790232260

18.	Khaldan A, Bouamrane S, En-Nahli F, El-mernissi R, El khatabi K, Hmamouchi R, Maghat H, Ajana MA, Sbai A, Bouachrine M, Lakhlifi T (2021) Previsão de potenciais inibidores de SARS-CoV-2 usando 3D-QSAR, modelagem de docagem molecular e propriedades ADMET. Heliyon 7:e06603. https://doi.org/10.1016/j.heliyon.2021.e06603

19.	Fekri A, Keshk EM, Khalil A-GM, Taha I (2022) Síntese de novos derivados de 5-aminopirazol antioxidantes e antitumorais, QSAR 2D/3D e acoplamento molecular. Mol Divers 26:781-800. https://doi.org/10.1007/s11030-021-10184-9

20.	Khaldan A, El khatabi K, El-mernissi R, Sbai A, Bouachrine M, Lakhlifi T

(2020) Modelagem 3D-QSAR combinada e estudo de ancoragem molecular em híbridos metronidazol-triazol-estiril como atividade antiamebiana. Mor J Chem 8:527-53. https://doi.org/10.48317/IMIST.PRSM/morjchem-v8i2.19099

21.   Elekofehinti OO, Iwaloye O, Josiah SS, Lawal AO, Akinjiyan MO, Ariyo EO (2022) Estudos de acoplamento molecular, dinâmica molecular e ADME/tox revelam o potencial terapêutico do STOCK1N-69160 contra a protease tipo papaína do SARS-CoV-2. Mol Divers 25:1761-1773. https://doi.org/10.1007/s11030-020-10151-w

22.   Patel CN, Kumar SP, Pandya HA, Rawal RM (2021) Identificação de potenciais inibidores da hemaglutinina-esterase do coronavírus utilizando a docagem molecular, a simulação da dinâmica molecular e o cálculo da energia livre de ligação. Mol Divers 25:421-433. https://doi.org/10.1007/s11030-020-10135-w

23.   SYBYL-X 2.0. Louis, MO, EUA: Tripos Inc; Disponível em: http://www.tripos.com.

24.   Clark M, Cramer RD, Van Opdenbosch N (1989) Validação do campo de forças de uso geral tripos 5.2. J Comput Chem 10:982-1012. https://doi.org/10.1002/jcc.540100804

25.   Tsai KC, Chen YC, Hsiao NW, Wang CL, Lin CL, Lee YC, Li M, Wang B (2010) Uma comparação de diferentes potenciais electrostáticos na precisão da previsão nos estudos CoMFA e CoMSIA estudos, Eur J Med Chem 45:1544–1551. https://doi.org/10.1016/j.ejmech.2009.12.063

26.   Purcell WP, Singer JA (1967) A brief review and table of semiempirical parameters used in the Hueckel molecular orbital method. J Chem Eng Data 12:235-246. https://doi.org/10.1021/je60033a020

27.   Cramer RD, Patterson DE, Bunce JD (1988) Comparative molecular field analysis (CoMFA). 1. Efeito da forma na ligação de esteróides a proteínas transportadoras. J Am Chem Soc 110:5959-5967. https://doi.org/10.1021/ja00226a005

28.   Ståhle L, Wold S (1988) Multivariate data analysis and experimental design in biomedical research. Progress Med Chem 25:291-338. https://doi.org/10.1016/S0079-6468(08)70281-9

29.   Klebe G, Abraham U, Mietzner T (1994) Molecular Similarity Indices in a Comparative Analysis (CoMSIA) of Drug Molecules to Correlate and Predict Their Biological Activity. J Med Chem 37:4130-4146. https://doi.org/10.1021/jm00050a010

30.   Wold S (1991) Validation of QSAR's. Quant Struct Act Relat 10:191-193. https://doi.org/10.1002/qsar.19910100302

31.	Rücker C, Rücker G, Meringer M (2007) y-Randomização e suas variantes em QSPR/ QSAR. J Chem Inf Model 47:2345-2357. https://doi.org/10.1021/ci700157b

32.	Bouamrane S, Khaldan A, Maghat H, Ajana MA, Sbai A, Bouachrine M, Lakhlifi T (2021) conceção in silico de novos análogos de triazol utilizando QSAR e modelos de acoplamento molecular. Rhazesv11:224-237. https://doi.org/10.48419/IMIST.PRSM/rhazes-v11.25084

33.	Trott O, Olson AJ (2010) AutoDock Vina: Melhorar a velocidade e a precisão da ancoragem com uma nova função de pontuação, otimização eficiente e multithreading. J Comput Chem 31:455-461. https://doi: 10.1002/jcc.21334

34.	Dassault Syst emes BIOVIA, Discovery Studio Modeling Environment, Release 2017, Dassault Syst emes, San Diego, 2016 [documento WWW], http://accelrys.com/products/collaborativescience/biovia-discovery-studio/. (Acedido em 25 de fevereiro de 2017).

35.	DeLano W. (2017) O sistema de gráficos moleculares PyMOL DeLano Scientific, Palo Alto, CA, EUA. Disponível em: http://www.pymol.org (Acedido em 25 de fevereiro de 2017).

36.	Van Der Spoel D, Lindahl E, Hess B, Groenhof G, Mark AE, Berendsen HJ (2005) GROMACS: Rápido, flexível e gratuito. J Comput Chem 26:1701-1718. https://doi.org/10.1002/jcc.20291

37.	Prakash A, Borkotoky S, Dubey VK (2022) Visando dois locais potenciais da SARS-CoV-2 mainprotease através da reorientação computacional de medicamentos. J Biomol Struct Dyn 10:1-11. https://doi: 10.1080/07391102.2022.2044907

38.	Wang Q, Zhao Y, Chen X, Hong A (2022) O rastreio virtual de medicamentos clínicos aprovados com a protease principal (3CLpro) revela potenciais efeitos inibitórios no SARS-CoV2. J Biomol Struct Dyn 40:685-695. https://doi.org/10.1080/07391102.2020.1817786

39.	R. Kumari R, R. Kumar R, Consórcio OSDD, Lynn AM (2014) g_mmpbsa-a GROMACS tool for high-throughput MM-PBSA calculations. JChem Inf Model 54:1951-1962. https://doi.org/10.1021/ci500020m

40.	Genheden S, Ryde U (2012) Comparação de métodos de solução contínua de ponto final para o cálculo de energias livres de ligação proteína-ligante. Proteins. 80:1326-42. https://doi.org/10.1002/prot.24029

41.	Wang E, Sun H, Wang J, Wang Z, Liu H, Zhang JZH, Hou T (2019) Cálculo de energia livre de ligação de ponto final com Mm/Pbsa e Mm/Gbsa: Estratégias e aplicações no design de medicamentos. Chem Rev 119:9478-508. https://doi.org/10.1021/acs.chemrev.9b00055

42.		Bai Q, Tan S, Xu T, Liu H, Huang J, Yao X (2021) Molaical: Uma ferramenta suave para o design de drogas 3d de alvos de proteínas por inteligência artificial e algoritmo clássico. Brief Bioinform 22:bbaa161. https://doi.org/10.1371/journal.pone.0068138

43.		Khaldan A, Bouamrane S, El-mernissi R, Maghat H, Ajana MA, Sbai A, Bouachrine M, Lakhlifi T (2022) Conceção in silico de novos inibidores da α-glucosidase através do estudo 3D-QSAR, modelação de ancoragem molecular e análise ADMET. Mor. J Chem 10:22-36. https://doi.org/10.48317/IMIST.PRSM/morjchem-v10i1.31722

44.		Khaldan A, Bouamrane S, El-mernissi R, El khatabi K, Aanouz I, Aggoram A, Sbai A, Bouachrine M, Lakhlifi T (2021) Estudo QSAR de inibidores de α-Glucosidase para bases bis-Schiff contendo benzimidazol usando CoMFA, CoMSIA e docagem molecular. International J. Quantitative. Structure-Property Relationships 6:9-24. https://doi.org/10.4018/IJQSPR.2021010102

45.		Pires DEV, Blundell TL, Ascher DB (2015) pkCSM: Previsão de propriedades farmacocinéticas e de toxicidade de pequenas moléculas utilizando assinaturas baseadas em gráficos. J Med Chem 58: 4066-4072. https://doi.org/10.1021/acs.jmedchem.5b00104

46.		Daina A, Michielin O, Zoete V (2017) SwissADME: uma ferramenta Web gratuita para avaliar a farmacocinética, a semelhança com os fármacos e a facilidade de utilização da química medicinal de pequenas moléculas. Sci Rep 7:42717. https://doi.org/10.1038/srep42717

47.		Amin, S.A., Banerjee, S., Singh, S. Qureshi, I.A., Gayen, S., Jha, T., (2021) Primeira análise da relação estrutura-atividade dos inibidores da protease principal (Mpro) do vírus SARS-CoV-2: um esforço na descoberta de medicamentos COVID-19. Mol Divers 25: 1827-1838. https://doi.org/10.1007/s11030-020-10166-3

48.		Hou T, Wang J, Li Y, Wang W (2011) Avaliação do desempenho dos métodos de mecânica molecular/área de superfície de Boltzmann de Poisson e mecânica molecular/área de superfície de Born generalizada. Ii. A exatidão da classificação de poses geradas a partir de docking. J Comput Chem 32:866-77. https://doi.org/10.1002/jcc.21666

49.		Domínguez-Villa FX, Durán-Iturbide NA, Ávila-Zárraga JG (2021) Síntese, docagem molecular e estudos de perfil ADME/Tox in silico de novas 1-aril-5-(3-

azidopropil)indol-4-onas: Potenciais inibidores da protease principal do SARS CoV-2. Bioorg Chem 106: 104497. https://doi.org/10.1016/j.bioorg.2020.104497

50.   Stader F, Kinvig H, Penny MA, Battegay M, Siccardi M, Marzolini C *(2020)* *Physiologically* Based Pharmacokinetic Modelling to Identify Pharmacokinetic Parameters Driving Drug *Exposure* Changes in the Elderly. Clin Pharmacokinet 59: 383-401. https://doi.org/10.1007/s40262-019-00822-9

51.   Ferraz ERA, Umbuzeiro GA, de-Almeida G, Caloto-Oliveira A, Chequer FMD, Zanoni MVB, Dorta DJ, Oliveira DP (2011) Toxicidade diferencial do disperse red 1 e disperse red 13 no teste de Ames, ensaio de citotoxicidade HepG2 e teste de toxicidade aguda em Daphnia. Environ Toxicol 26:489-497. https://doi.org/10.1002/tox.20576

52.   Stader F, Siccardi M, Battegay M, *Kinvig H, Penny MA, Marzolini C (2019)* Repositório que descreve uma população envelhecida para informar modelos farmacocinéticos de base fisiológica, considerando alterações anatómicas, fisiológicas e biológicas dependentes da idade. Clin Pharmacokinet 58: 483-501. https://doi.org/10.1007/s40262-018-0709-7

53.   Hadni H, Elhallaoui M (2020) 3D-QSAR, docking e propriedades ADMET de análogos de aurona   como agentes antimaláricos.   Heliyon   6: e03580. https://doi.org/10.1016/j.heliyon.2020.e03580

<u>Capítulo 2:</u>
Combinação de 3D-QSAR, Docking Molecular e Propriedades ADMET para Identificar Compostos Triazólicos Eficazes Contra Candida Albicans

Combinação de 3D-QSAR, Docking Molecular e Propriedades ADMET para identificar compostos triazólicos eficazes contra Candida Albicans

Soukaina Bouamrane[1] , Ayoub Khaldan[1] , Reda El-mernissi[1] , Hamid Maghat[1] , Mohammed Aziz Ajana[1] , Abdelouahid Sbai[1] *, Mohammed Bouachrine[1,2] e Tahar Lakhlifi[1]

[1]*Laboratório de Química Molecular e Substâncias Naturais, Faculdade de Ciências, Universidade Moulay Ismail de Meknes, Marrocos*

[2]*EST Khenifra, Universidade Sultan Moulay Sliman, Benimellal, Marrocos*

RESUMO

Devido à falta de medicamentos antifúngicos eficazes, o tratamento da infeção por candida albicans continua a ser um desafio para os médicos. Consequentemente, é urgente procurar novos fármacos, constituintes activos de medicamentos naturais ou tradicionais e métodos para vencer a resistência antifúngica. Para este fim urgente, realizámos a nossa pesquisa utilizando uma das famosas técnicas computacionais, nomeadamente 3D-QSAR, num conjunto de 21 moléculas de triazol com atividade contra a candida albicans. O melhor modelo CoMFA estabelecido apresenta um valor Q^2 de 0,601 e um valor R^2 de 0,985. O modelo gerado foi validado e verificado quanto à sua capacidade, o teste R^2 obtido foi de 0,967, indicando a boa capacidade de previsão do modelo CoMFA. Os mapas de contorno CoMFA fornecem um conjunto de informações para descobrir os locais com impacto na atividade da candida albicans. Estas descobertas valiosas levaram-nos a conceber cinco novos compostos de triazol com boas actividades previstas. Além disso, foi efectuado um docking molecular para identificar os tipos e o modo de interação entre os ligandos triazólicos e o recetor. Os resultados obtidos mostraram claramente que as novas estruturas de triazol apresentavam diferentes e numerosas interacções no local ativo do recetor. Por último, mas não menos importante, as novas moléculas de triazol sugeridas, juntamente com a molécula antifúngica potencialmente e largamente utilizada, nomeadamente o fluconazol, foram submetidas a uma análise ADMET *in silico* para identificar as suas propriedades farmacocinéticas e biodisponibilidade. Estes resultados úteis sugerem que as novas moléculas de triazol propostas serão de grande valor no tratamento de infecções por candida albicans.

Palavras-chave: *Candida albicans; triazol; CoMFA; docking molecular; ADMET in silico.*

Introdução

Candida albicans (C. albicans) faz parte da microbiota humana e é considerada um patógeno oportunista [1]. A C. albicans é um organismo comensal que se encontra na pele e nas mucosas, mas também pode causar candidíase em pessoas imunocomprometidas [2]. O desenvolvimento da resistência aos medicamentos, bem como a escassez de novos medicamentos antifúngicos, dificulta o tratamento das infecções fúngicas [3]. O fluconazol é o fármaco antifúngico mais frequentemente adotado para a infeção por C. albicans [4]. Infelizmente, com a utilização frequente do fluconazol na terapêutica antifúngica de primeira linha, o C. albicans resistente ao fluconazol tem surgido com maior frequência [5]. Considerando o grande desafio da cura antifúngica, bem como os mecanismos complicados da resistência ao fluconazol na candida albicans emergente, existe uma necessidade premente de produzir medicamentos mais eficazes contra a candida albicans através de múltiplas vias.

As análises da relação quantitativa estrutura-atividade (QSAR) podem ser úteis na procura de locais nas moléculas que possam ser alterados para fornecer ligandos mais específicos [6]. A análise comparativa do campo molecular (CoMFA) é uma ferramenta eficiente e útil na conceção racional de medicamentos e aplicações conexas [7]. A técnica CoMFA recolhe amostras dos campos estéricos e electrostáticos em torno de um conjunto de ligandos e molda um modelo 3D-QSAR associando estes campos (estéricos e electrostáticos) às suas actividades biológicas experimentais [7]. Esta abordagem foi utilizada para fazer previsões do valor da atividade biológica de moléculas não sintetizadas estruturalmente associadas aos conjuntos de treino [8]. A simulação de docking molecular é uma técnica moderna muito utilizada no campo da química medicinal para adivinhar os tipos e modos de interação entre uma macromolécula chamada recetor e uma pequena molécula conhecida como ligando [9]. O objetivo desta investigação é desenvolver novos medicamentos anti-candida albicans utilizando um conjunto de moléculas de triazol como base de dados e utilizando a técnica CoMFA, docking molecular e propriedades ADMET como métodos computacionais.

Material e métodos Conjunto de dados

Neste estudo, foi estudada uma série de 21 moléculas de triazol com atividade contra a candida albicans [10], utilizando a abordagem CoMFA e a simulação de acoplamento molecular. As moléculas em causa foram divididas em dois conjuntos; dezassete moléculas como conjunto de treino utilizado para estabelecer um modelo CoMFA, e quatro moléculas restantes foram utilizadas como conjunto de teste para testar a competência do modelo

CoMFA. Para os cálculos, as actividades biológicas MIC (µM/mL) foram transFiguradas para os valores pMIC correspondentes utilizando a seguinte expressão pMIC = -log10 (MIC). A estrutura química das 21 moléculas de triazol e os respectivos valores de pMIC (actividades biológicas) estão expostos na **Fig. 1** e na **Tabela 1**.

Fig. 1 Estrutura geral das 21 moléculas de triazol.

Quadro 1 Estruturas dos 21 compostos de triazol e respectivas actividades contra a candida albicans.

N°	R	MIC	pMIC
1	Fenil-	0.125	6.903
2	4-CH3-fenil-	0.125	6.903
3	4-CH3CH2-fenil-	0.500	6.301
4	4-CH3(CH2)3fenil-	4.000	5.398
5	4-CH3-O-fenilo	0.125	6.903
6	4-F- fenil-	0.0625	7.204
7	3-F- fenilo	0.250	6.602
8*	2-F- fenilo	0.125	6.903
9	4-Cl- fenilo	0.125	6.903
10*	3-Cl- fenilo	0.0625	7.204
11	2-Cl- fenilo	0.0156	7.807
12	4-Br- fenilo	0.250	6.602
13	3-Br- fenilo	0.500	6.301
14	4-NH2- fenilo	0.500	6.301
15	3-NH2- fenilo	0.500	6.301

16	2-tienilo	0.0625	7.204
17	3-tienilo	0.0625	7.204
18*	2-piridil-	1.000	6.000
	3-piridil-	0.500	6.301
20	Ciclopropil-	0.0625	7.204
21*	NH2-CH2-	0.250	6.602

*Moléculas do conjunto de ensaio

Estudo CoMFA

A CoMFA é a técnica mais representativa empregue na análise 3D-QSAR. Nesta análise, é executada utilizando o software Sybyl X-2.0. A metodologia CoMFA [7] foi realizada com base em campos electrostáticos e estéricos e utilizando o potencial de Lennard Jones e de Coulomb. Um átomo de carbono hibridizado sp3 com um raio de Van Der Waals de 1,52 Å e uma rede

+1,0 foram adoptados para os cálculos das energias estéricas e electrostáticas, juntamente com o valor predefinido de 30 kcal/mol para os cálculos do corte de energia [11]. A abordagem de mínimos quadrados parciais [12] foi executada para estabelecer uma correlação linear entre o descritor CoMFA e a atividade da candida albicans. De facto, a técnica de validação cruzada leave-one-out (LOO) existente na análise PLS foi posta em prática para gerar o número ótimo de componentes (N) e o valor do coeficiente de correlação de validação cruzada (Q^2). O valor do parâmetro N foi tomado em consideração para determinar o coeficiente de correlação (R^2), o valor do teste F (F), bem como o erro padrão da estimativa (SEE), utilizando a técnica de validação não cruzada. Os bons valores de R^2, Q^2, e SEE foram utilizados para desenvolver um modelo CoMFA robusto e eficaz.

Docagem molecular

O programa Surflex-dock foi aplicado para executar a acoplagem molecular, a fim de validar os resultados dos mapas de contorno gerados a partir do modelo CoMFA [9]. A estrutura cristalina da *candida albicans* foi extraída do Protein Data Bank (PDB: 4UYM). Antes de efetuar a acoplagem molecular, o recetor 4UYM foi preparado eliminando as moléculas de água, o ligando principal nele encontrado e todos os elementos não proteicos. Em seguida, os átomos de hidrogénio polares são introduzidos no recetor 4UYM. A molécula mais ativa do conjunto de dados (molécula **11**), as moléculas de triazol sugeridas e o Fluconazol foram esboçados e optimizados, sendo depois acoplados ao recetor 4UYM. Por último, mas não menos importante, os resultados gerados pelo surflex- dock foram examinados utilizando os programas PyMol [13] e Discovery Studio 2016 [14].

Análise ADMET

Encontrar possíveis compostos medicinais é uma questão importante para muitos investigadores, mas há muitos medicamentos que não chegam aos ensaios clínicos devido aos seus fracos parâmetros ADMET (absorção, distribuição, metabolismo, eliminação e toxicidade) [15]. Devido a esta grande importância e para evitar quaisquer problemas adicionais associados às moléculas sugeridas, calculámos as propriedades farmacocinéticas destas novas moléculas candidatas juntamente com o fluconazol utilizando os servidores em linha pkCSM [16] e SwissADME [17].

Resultados e Discussão Alinhamento molecular

As vinte e uma moléculas de triazóis foram alinhadas utilizando a técnica de alinhamento distil-rígido existente no programa SYBYL, e utilizando a molécula mais ativa da base de dados (molécula **11**).

Resultados do COMFA

O modelo CoMFA foi moldado com base no descritor disponível no SYBYL para descrever quantitativamente e prever os efeitos dos campos estéricos e electrostáticos dos substituintes na atividade antifúngica de um conjunto de vinte e uma moléculas de triazol. As chaves estatísticas obtidas para o modelo CoMFA, como os valores de Q^2, R^2, Scv e F, foram determinadas pela análise PLS e são clarificadas no **Quadro 2**.

Conforme elucidado na **Tabela 2**, os valores de Q^2 e R^2 do modelo CoMFA são 0,601 e 0,985, respetivamente. O número ótimo de componentes principais utilizado para moldar o modelo CoMFA é 4. O valor F e o erro padrão são 199,9 e 0,061, respetivamente. O modelo CoMFA moldado foi submetido a uma validação externa para verificar a sua exatidão de previsão; o teste R^2 gerado foi de 0,967. Além disso, as fracções dos campos estérico e eletrostático foram de 82,8% e 17,2%, respetivamente, pelo que os campos estéricos terão grande influência na proposta de novos inibidores da candida albicans. Estes resultados estatísticos indicaram a boa estabilidade do modelo CoMFA estabelecido e a sua poderosa capacidade de previsão.

Os valores previstos e experimentais da atividade da candida albicans e o respetivo valor residual para os conjuntos de treino e de teste, utilizando o modelo CoMFA, são apresentados no **Quadro 3**. O valor residual das 21 moléculas de triazol é muito pequeno (inferior a 1), o que demonstra a elevada robustez do modelo CoMFA.

Quadro 2 Indicadores estatísticos do modelo CoMFA.

| Modelo | Q^2 | R^2 | Scv | F | N | R^2 test | Fracções | |
							Estérico	Eletrostática
CoMFA	0.601	0.985	0.061	199.9	4	0.967	0.828	0.172

Tabela 3 Actividades antifúngicas observadas e previstas das 21 moléculas de triazol.

| Nº | | CoMFA | |
	pMIC	Previsto	Resíduos
1	6.903	6.928	-0.025
2	6.903	6.726	0.177
3	6.301	6.201	0.100
4	5.398	5.522	-0.124
5	6.903	6.363	0.540
6	7.204	6.836	0.368
7	6.602	6.885	-0.283
8*	6.903	6.989	-0.086
9	6.903	6.761	0.142
10*	7.204	7.338	-0.134
11	7.807	7.106	0.701
12	6.602	6.842	-0.240
13	6.301	6.838	-0.537
14	6.301	6.809	-0.508
15	6.301	6.823	-0.522
16	7.204	7.095	0.109
17	7.204	7.123	0.081
18*	6.000	6.153	-0.153
19	6.301	6.969	-0.668
20	7.204	7.300	-0.096
21*	6.602	6.466	0.136

*Moléculas do conjunto de ensaio

Mapas de contorno CoMFA

Neste estudo, foram elaborados mapas de contorno CoMFA para determinar os efeitos dos substituintes de natureza estérica e eletrostática e os seus resultados estão representados na

Fig. 2 (a,b). O mapa de contorno estérico é representado pelas cores amarela e verde, enquanto o mapa de contorno eletrostático é representado pelas cores azul e vermelha.

Os contornos verdes em torno das posições *orto*, *meta* e *para* do grupo fenilo e da terceira posição da fração 1,2,4-triazol indicam que as fracções de impedimento estérico terão uma grande influência no aumento da atividade da candida albicans (**Fig. 2a**). Por outro lado, os contornos azuis em torno das posições *orto* e *meta* dos dois grupos fenilo tornam claro que as moléculas electro-doadoras são úteis para a atividade da candida albicans (Fig. **2b**). Estes resultados levar-nos-ão a determinar os grupos favoráveis para propor novas moléculas de triazol.

a)

b)

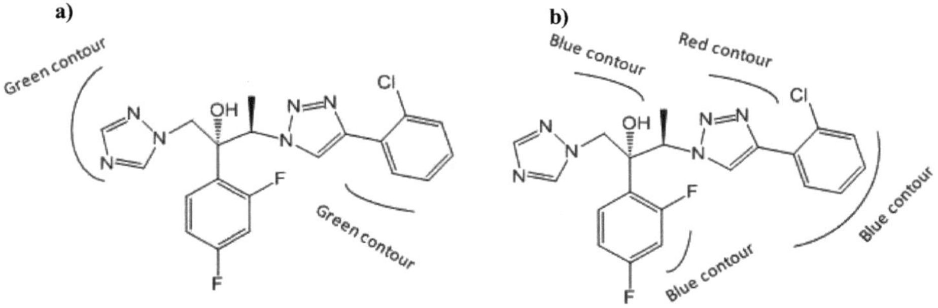

Fig. 2 (a) Mapas de contorno estéricos e (b) electrostáticos da análise CoMFA com espaçamento de grelha de 2 Å utilizando o composto **11** como modelo.

Novos inibidores da Candida Albicans

Os resultados dos mapas de contorno CoMFA foram investidos para determinar os substituintes favoráveis e desfavoráveis à atividade da candida albicans. Com base nestes resultados, concebemos cinco novas moléculas de triazol com excelente atividade contra a candida albicans em comparação com o composto **11**, que é a molécula mais ativa do conjunto de dados (**Tabela 4**). As cinco novas moléculas de triazol foram esboçadas, minimizadas e alinhadas utilizando o software SYBYL e as suas estruturas químicas estão expostas na **Fig. 3**.

As novas moléculas sugeridas foram submetidas a análises adicionais para confirmar a sua viabilidade e boas propriedades farmacocinéticas. Para o efeito, foram adoptados os servidores em linha pkCSM [16] e SwissADME [17] para determinar as propriedades de Lipinski das novas moléculas de triazol, sendo os resultados obtidos apresentados na **Tabela 5**.

Os resultados da **Tabela 5** indicam que as novas moléculas de triazol propostas têm um MW inferior a 500 Da, HBD não superior a 5, HBA não superior a 10, LogP inferior a 5, pelo que podem ser facilmente absorvidas e difundidas [18]. Os novos compostos **S1**, **S2**, **S3**, **S4** e **S5** têm um valor TPSA inferior a 140 Å e nrotb não superior a 10, demonstrando que as novas estruturas apresentam uma boa biodisponibilidade [19]. Para além disso, os valores de acessibilidade sintética das novas moléculas de triazol estão próximos de 1 e afastados de 10, pelo que estas moléculas podem ser facilmente sintetizadas (de 1 (fácil de sintetizar) a 10 (muito difícil de sintetizar) [20]. **A Tabela 5** indica que todas as moléculas propostas respeitam as regras de Lipinski, Veber e Egan, o que faz com que estas moléculas tenham boas propriedades farmacocinéticas.

Tabela 4. Valores pMIC previstos de novas moléculas de candida albicans utilizando o modelo CoMFA.

Composto	CIMP previsto
	CoMFA
S1	8.304
S2	8.270
S3	8.152
S4	8.060
S5	7.901
11[a]	7.807

[a] A molécula mais ativa no conjunto de dados

S1

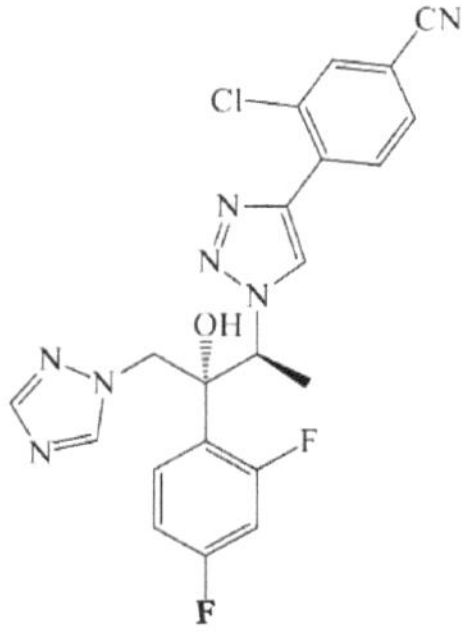

S2

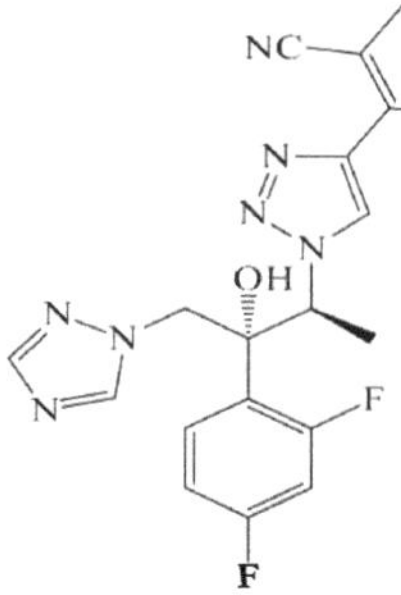

S3

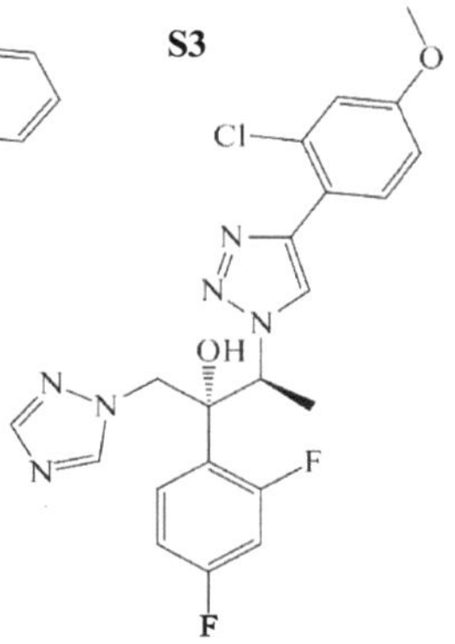

S4

S5

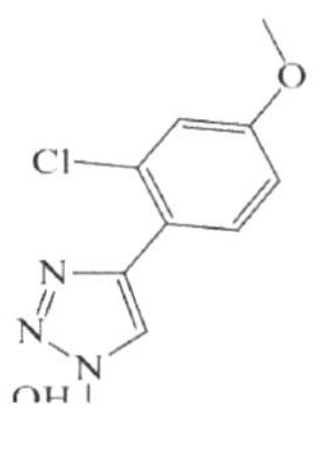

Fig. 3 Estruturas de novas moléculas de triazol.

Quadro 5 Propriedades farmacocinéticas das novas moléculas de triazol.

Inibidor	Imóveis									
	LogP	HBD	HBA	TPSA	nrotb	MW	Lipinski's violações	Veber violações	Egan violações	S.A
Regra	<=5	<5	<10	<140	<10	<500	<=1	<=1	<=1	0<S.A<10
S1	3.48	1	8	105.44	6	455.85	Sim	Sim	Sim	4.28
S2	2.83	1	8	105.44	6	421.41	Sim	Sim	Sim	4.23
S3	3.32	2	8	101.88	6	446.84	Sim	Sim	Sim	4.21
S4	3.92	1	7	81.65	6	444.86	Sim	Sim	Sim	4.34
S5	4.17	1	7	81.65	7	458.9	Sim	Sim	Sim	4.49
Abreviaturas	**LogP**: logaritmo do coeficiente de partição do composto entre n-octanol e água, **HBD**: número de doadores de ligações de hidrogénio, **HBA**: número de aceitadores de ligações de hidrogénio, **TPSA**: área de superfície polar topológica, **nrotb**: número de ligações rotativas, **MW**: peso molecular, S.A: acessibilidade sintética									

Resultados do Docking Molecular

O objetivo da acoplagem molecular era descobrir os tipos de interacções e a afinidade de ligação das moléculas de triazol no alvo. As cinco moléculas de triazol propostas, a molécula **11**, que é a molécula mais ativa do conjunto de dados, e o fluconazol foram encaixados no sítio ativo do recetor em causa e avaliados quanto à sua afinidade contra o recetor da candida albicans (código Pdb 4UYM). **A Tabela 6** resume os resultados obtidos.

As novas moléculas de triazol **S1, S3, S4** e **S5** apresentam as melhores energias de interação em comparação com o composto **11** e o Fluconazol. Assim, estas moléculas poderão ter um maior potencial inibitório da enzima estudada do que o Fluconazol.

O composto **11** apresenta interacções alquilo e pi-alquilo com os resíduos Leu 376, 121, Pro 230, interacções de ligação de hidrogénio de carbono com os resíduos Met 508, Tyr 505, Ser

378 e 507, interacções pi-pi empilhadas com os resíduos Tyr 118, Phe 380 e 233 e interação pi-pi em forma de T com o resíduo His 377. Os resultados das interacções da molécula **S1** e do recetor 4UYM mostram interacções convencionais de ligação de hidrogénio com os resíduos Ser 378 e 507, interacções de ligação de hidrogénio de carbono com os resíduos Met 508, Leu 376 e Tyr 64, interacções de halogéneo com os resíduos Pro 375 e Tyr 505, interação pi-sigma com o resíduo Leu 376, interacções alquilo e pi-alquilo com os resíduos Tyr 118, Phe 233, Met 508, Leu 376 e 121, interacções pi-pi empilhadas e pi-pi em forma de T com os resíduos His 377, Tyr 118 e Phe 380, respetivamente. O estudo de docking da molécula **S2** mostra uma interação convencional de ligação de hidrogénio com o resíduo His 468, uma interação pi-sigma com o resíduo Leu 376, uma interação pi-pi empilhada com o resíduo Tyr 118, interacções alquil e pi-alquil com os resíduos Ile 379, Leu 376, Leu 121 e Cys 470. Os resultados de docking da nova molécula **S3**, que tem a melhor afinidade energética com o recetor 4UYM, mostram mais tipo e número de interacções como ligação de hidrogénio convencional, van der Waals, pi-sigma, pi-pi em forma de T, amida pi empilhada, alquilo e pi-alquilo. De facto, a existência de ligações de hidrogénio e de interacções de Van Der Walls pode conferir à molécula **S3** uma proeminência farmacológica, uma vez que as ligações de hidrogénio têm uma influência significativa no efeito farmacológico dos ligandos. O composto **S4** apresenta uma interação de ligação de hidrogénio com o resíduo Ser 378, uma interação de halogéneo (flúor) com os resíduos Ser 507, Val 509, Pro 375 e Met 508, uma interação pi-pi empilhada com o resíduo Tyr 118, uma interação pi-pi em forma de T com o resíduo Phe 233, uma interação pi-sulfureto com o resíduo Met 508, uma interação de par pi-lone com o resíduo His 377, interacções alquídicas e pi-alquílicas com os resíduos Phe 380, Pro 230, Val 234, His 377 e Leu 376, 121, 88. O composto **S5**, que apresenta uma boa pontuação total (3,02), mostra várias e diferentes interacções com o recetor 4UYM, como ligação de hidrogénio convencional, halogéneo (flúor), ligação de hidrogénio pi-dono, pi-pi empilhado, alquilo, pi-alquilo e pi-pi em forma de T. Estes resultados reforçam a importância farmacológica da molécula **S5**. Por outro lado, os resultados da docagem do Fluconazol mostram um menor número e tipo de interacções com o recetor 4UYM, interação pi-sigma com os resíduos Thr 122, Leu 121 e 376, interação de ligação de hidrogénio de carbono com o resíduo Tyr 118, interação de halogéneo com o resíduo Met 508, interação pi-pi empilhada com Tyr 118, interação pi-alquilo com o resíduo Met 508 e interação pi-pi em forma de T com o resíduo Phe 233. Em conclusão, as novas moléculas de triazol, em particular as moléculas **S3**, **S4** e **S5**, apresentam uma elevada estabilidade no recetor 4UYM, pelo que se impõem como fármacos promissores para a

candida albicans.

Tabela 6 Interacções de docking das moléculas de triazol juntamente com o fluconazol.

Comp	Afinidade energética	Resíduos em interação	Tipo de obrigação
C11	**2.58**	Tyr A: 118 Seu A :377 Phe A :233 Phe A :380 Série A: 507 Tyr A: 505 Met A: 508 Ser A: 378 Leu A: 376	Pi-Pi -Empilhado Pi-Pi -Empilhado Pi-Pi em forma de T Pi-Pi -Empilhado Ligação de hidrogénio de carbono Ligação de hidrogénio de carbono Ligação de hidrogénio de carbono Ligação de hidrogénio de carbono Pi-Alkl
		Série A: 507	Par Pi-Lone
S1	**2.61**	Ser A: 378 Ser A :507 His A : 377 Tyr A :118 Phe A: 380 Leu A: 376	Ligação H Ligação H Pi-Pi-empilhado Pi-Pi-empilhado Pi-Pi-T-Shaped Ligação H do carbono
		Tyr A :64 Pro A: 375 Tyr A: 375 Leu A: 121 Phe A: 233	Carbono Ligação H Halogéneo Halogéneo Pi-alquilo Pi-alquilo
S2	**1.71**	O seu A: 468 Tyr A:116 Leu A :121 Cys A: 470 Ile A: 379 Leu A: 376	H-Bond Pi-Pi-empilhado Pi-alquilo Pi-alquilo Pi-Alquil Pi-Sigma
S3	**3.29**	Leu A :376 Gly A :307 Tyr A:118 Pro A:375 Val A:509 Met A:508 Phe A:233 Phe A:228 Leu A:121 Gly A :308	H-Bond H-Bond H-Bond Pi-alquilo Pi-alquilo Pi-alquilo Pi-alquilo Pi-alquilo Pi-alquilo Ligação H do carbono

S4	**3.29**	Phe A:233 Tyr A:118 Val A:509 Met A:508 Ser A:507 Met A:508 Ser A:378 Leu A :121 Leu A :66 Val A:234 Leu A :376 Phe A:380 Pro A:230	Pi-Pi-Stacked Pi-Pi-Stacked Halogéneo Halogéneo Halogéneo Halogéneo Ligação H do carbono Pi-alquilo Pi-alquilo Pi-alquilo Pi-alquilo Pi-alquilo Pi-alquilo
S5	**3.02**	His A: 377 Ser A:378 Pro A:375 Tyr A:118 Tyr A:132 Leu A :121 Phe A:233 Met A:508 Pro A:230 Leu A :376 Ile A: 379	H-Bond Halogéneo Halogéneo Carbono Ligação H Pi-Alquilo Pi-alquilo Pi-alquilo Pi-alquilo Pi-alquilo Pi-alquilPi-alquil
Fluconazol	**0.42**	Phe A:233 Leu A :121 Leu A :376 Thr A:132 Met A:508 Tyr A:118 Pro A:230	Pi-Pi-Empilhado Pi-sigma Pi-sigma Pi-sigma Halogéneo Ligação H do carbono Pi-Alquilo

Conclusões ADMET

Durante o esforço de descoberta de medicamentos, muitos medicamentos são abortados devido a falhas na permeação sangue-cérebro, fraca eficácia e toxicidade. O objetivo do ADMET pré-clínico é eliminar candidatos inadequados e capacitar outros para serem candidatos a fármacos. Por esta grande importância, determinámos os parâmetros ADMET dos novos derivados de triazol juntamente com o fluconazol, como se mostra na Tabela 7.

Como se pode ver na Tabela 7, os fármacos estudados têm um valor de absorção intestinal superior ao do fluconazol (o melhor valor de absorção intestinal é superior a 30%), o que prova que estas moléculas são altamente absorvidas [21]. A permeação da barreira hemato-encefálica (BHE) é uma propriedade importante para a química medicinal porque determina quais os fármacos que podem ou não passar a BHE e, assim, exercer a sua influência no cérebro [22]. Um valor de logBB<-1 de uma determinada molécula indica que esta se encontra pouco dispersa pelo cérebro. Assim, os resultados da permeabilidade da BHE na Tabela 7 elucidam claramente a penetração (BHE) de todas as moléculas propostas e do fluconazol. O principal sistema enzimático para o metabolismo dos fármacos no fígado é o citocromo P450 [21]. Independentemente disso, uma ou mais das moléculas sugeridas podem inibir algumas das isoformas do citocromo P450. O CYP3A4 e o CYP2D6 são os dois principais subtipos do citocromo P450. Os cinco compostos sugeridos são substratos e inibidores do CYP3A4, mas não são substratos e inibidores do CYP2D6 (Quadro 7). Por outro lado, o composto Fluconazol não é inibidor do CYP3A4 e substrato e inibidor do CYP2D6, mas é substrato do CYP3A4. Além disso, o valor mais baixo do índice de depuração indica que quanto maior for a persistência dos medicamentos no organismo [23]. Os resultados expostos na **Tabela 7** sugerem que o novo composto **S3** tem um valor mais baixo do índice de depuração, indicando uma elevada persistência do composto **S3** no organismo. Relativamente à toxicidade dos novos compostos de triazol, **a Tabela 7** ilustra qualquer toxicidade para todas as moléculas propostas e para o fluconazol, **respeitando os dados do teste de Ames**. Os resultados da previsão ADMET apoiam as novas moléculas de triazol como medicamentos candidatos para a infeção por candida albicans no futuro.

Tabela 7. Resultados ADMET das moléculas de Candida albicans e Fluconazol.

Modelos	Composto					
	S1	**S2**	**S3**	**S4**	**S5**	Fluconazol
Absorção (A)						
Intestinal absorção (humana)	99.877	98.798	83.902	95.498	95.456	78.384
Distribuição (D)						
Barreira hemato-encefálica (logBB)	-1.733	-1.55	-1.247	-1.547	-1.568	-1.313
Metabolismo (M)						
Inibidor do CYP1A2	Sim	Sim	Não	Sim	Sim	Sim
Inibidor do CYP2C9	Não	Não	Não	Não	Sim	Não
Inibidor da CYP2D6	Não	Não	Não	Não	Não	Não
Inibidor do CYP2C19	Não	Não	Não	Não	Não	Não
Inibidor do CYP3A4	**Sim**	**Sim**	**Sim**	**Sim**	**Sim**	**Não**
Substrato CYP2D6	Não	Não	Não	Não	Não	Não
Substrato do CYP3A4	**Sim**	**Sim**	**Sim**	**Sim**	**Sim**	**Sim**
Excreção (E)						
Apuramento	0.365	0.445	0.294	0.345	0.426	0.343
Toxicidade (T)						
Toxicidade AMES	**Não**	**Não**	**Não**	**Não**	**Não**	**Não**

Conclusão

A presente análise abordou uma série de 21 moléculas de triazol que apresentam uma atividade contra uma das doenças mais populares, nomeadamente a candida albicans. A abordagem 3D-QSAR incluindo CoMFA foi utilizada neste estudo para estabelecer um modelo forte que possa ser adotado para prever a atividade de novas moléculas sugeridas. Os melhores valores de Q^2 (0,601), R^2 (0,985) e R^2 test (0,967) ilustram a elevada competência do modelo CoMFA. Os mapas de contorno estérico e eletrostático do CoMFA levaram-nos a explorar as moléculas que têm uma grande influência na atividade da candida albicans. Como resultado, foram sugeridos cinco novos triazóis com excelente atividade contra a candida albicans. Os resultados do docking molecular determinam claramente as melhores moléculas que têm uma elevada estabilidade no recetor 4UYM. Finalmente, as novas moléculas de triazol, juntamente com a molécula antifúngica potencialmente e largamente utilizada, nomeadamente o fluconazol, foram submetidas a um estudo ADMET *in silico a* fim de selecionar boas moléculas entre elas que possam ser adoptadas como fortes inibidores da candida albicans.

Reconhecimento

Dedicamos este trabalho à "Moroccan Association of Theoratical Chemists" (MATC) pela sua ajuda pertinente relativamente aos programas.

Referência

1.	de Sá, N.P., de Paula, L.F.J., Lopes, L.F.F., Cruz, L.I.B., Matos, T.T.S., Lino, C.I, de Oliveira, R.B., de Souza-Fagundes, E.M., Fuchs, B.B., Mylonakis, E. e Johann, S. (2018). Atividade in vivo e in vitro de uma bis-arilideneciclo-alcanona contra isolados de Candida albicans suscetíveis e resistentes ao fluconazol. *J. Glob. Antimicrob. Resist.* 14, 287-293.

2.	Rossi, D. C., Munoz, J. E., Carvalho, D. D., Belmonte, R., Faintuch, B., Borelli, P., Miranda, A., Taborda, C.P. e Daffre S. (2012). Uso terapêutico de um peptídeo antimicrobiano catiônico da aranhaAcanthoscurria gomesiana no controle da candidíase experimental. *BMC. Microbiol.* 12, 28.

3.	Sobel, J.D., Wiesenfeld, H.C., Martens, M., Danna, P., Hooton, T.M.,

Rompalo, A., Sperling, M., Livengood, C 3rd., Horowitz, B., Von Thron, J., Edwards, L., Panzer, H. e Chu, T.C. (2004). Terapia de manutenção com fluconazol para candidíase vulvovaginal recorrente. *N. Engl. J. Med.* 351(9), 876-883.

4.   Sohaib Shahzan, M., Smiline Girija, A.S. e Vijayashree Priyadharsini, J. (2019). Um estudo computacional visando o L321F mutado do gene ERG11 em C. albicans, associado à resistência ao fluconazol com compostos bioativos de Acacianilotica.
J. Mycol. Med. 29(4), 303-309.

5.   Berkow, E.L. e Lockhart, S.R. (2017). Resistência ao fluconazol em espécies de *Candida*: uma perspetiva atual. *Infect. Drug. Resist.* 10, 237-245.

6.   Garg, R., Gupta, S.P., Gao, H., Babu, M.S., Debnath, A.K. e Hansch, C. (1999). Estudos comparativos quantitativos da relação estrutura-menos-sinal-atividade em medicamentos anti-HIV. *Chem. Rev.* 99(12), 3525-3602.

7.   Phosrithong, N. e Ungwitayatorn, J. (2013). Estudos CoMFA e CoMSIA baseados em ligandos sobre derivados de cromona como eliminadores de radicais. *Bioorg. Chem.* 49, 9-15.

8.   Pirhadi, S. e Ghasemi, JB. (2010). Análise 3D-QSAR de inibidores da entrada-1 do vírus da imunodeficiência humana por CoMFA e CoMSIA. *Eur. J. Med. Chem.* 45(11), 4897- 903.

9.   Bouamrane, S., Khaldan, A., Maghat, H., Ajana, M.A., Sbai, A., Bouachrine, M. e Lakhlifi T. (2021). Projeto in-silico de novos análogos de triazol usando QSAR e modelos de docagem molecular. *Rhazes.* 11(3), 224- 237.

10.   Wu, J., Ni, T., Chai, X., Wang, T., Wang H., Chen J., Jin Y., Zhang D., Yu S. e Jiang Y. (2018). Estudo de ancoragem molecular, projeto, síntese e atividade antifúngica de novos derivados de triazol. *Eur. J. Med. Chem.* 143,1840-1846.

11.   Ståhle, L. e Wold, S. (1988). Análise de dados multivariados e conceção experimental na investigação biomédica. *Prog. Med. Chem.* 25, 291-338.

12.   Wold, S. (1991).Validação de QSAR's. *Quant. Struc.Act. Relation.* 10(3), 191-193.

13.   Dassault Syst emes BIOVIA. (2016). Ambiente de modelação Discovery Studio.

14.   DeLano,W. (2002). The PyMOL Molecular Graphics System DeLano Scientific, Palo Alto, CA, USA, 2002. http://www.pymol.org. (Acedido em 25 de fevereiro de 2017).

15.   Netzeva, T.I., Worth, A., *et al.* (2005). Situação atual dos métodos para

definir o domínio de aplicabilidade das relações (quantitativas) estrutura-atividade: O relatório e as recomendações do workshop 52 do ECVAM. *Altern. Lab. Anim.* 33(2), 155-173.

16.	Pires, D.E.V., Blundell, T.L. and Ascher, D.B. (2015). pkCSM: Predicting small- molecule pharmacokinetic and toxicity properties using graph-based signatures. *J. Med. Chem.* 58(9), 4066-4072.

17.	Daina, A., Michielin, O., e Zoete, V. (2017). SwissADME: Uma ferramenta web gratuita para avaliar a farmacocinética, a semelhança com a droga e a facilidade de química medicinal de pequenas moléculas, *Sci. Rep.* 7, 42717.

18.	Lipinski, C.A., Lombardo, F., Dominy, B.W. e Feeney P.J. (2001). Abordagens experimentais e computacionais para estimar a solubilidade e a permeabilidade em contextos de descoberta e desenvolvimento de medicamentos. *Adv. Drug. Deliv. Rev.* 46 (1-3), 3-26.

19.	Veber, D.F., Johnson, S.R., Cheng, H.Y., Smith, B.R. Ward, K.W. e Kopple, K.D. (2002). Molecular properties that influence the oral bioavailability of drug candidates (Propriedades moleculares que influenciam a biodisponibilidade oral de candidatos a fármacos),
J. Med. Chem. 45(12), 2615-2623.

20.	Domínguez-Villa, F.X., Durán-Iturbide, N.A. e Ávila-Zárraga, J.G. (2021) Síntese, docagem molecular e estudos de perfil ADME/Tox in silico de novas 1-aril-5-(3-azidopropil) indol-4-onas: Potenciais inibidores da protease principal SARS CoV-2, *Bioorg. Chem.* 106, 104497.

21.	Khaldan, A., Bouamrane, S., En-Nahli, F., El-mernissi, R., El khatabi, K., Hmamouchi, R., Maghat, H., Ajana, M.A., Sbai, A., Bouachrine, M. e Lakhlifi, T. (2021). Previsão de potenciais inibidores de SARS-CoV-2 usando 3D-QSAR, modelagem de ancoragem molecular e propriedades ADMET. *Heliyon.* 7 (3), e06603.

22.	Khaldan, **A.,** Bouamrane, S., El-mernissi, R., Maghat, H., Ajana, M.A., Sbai, A., Bouachrine, M. e Lakhlifi, T. (2021). Modelagem 3D-QSAR, docking molecular e propriedades ADMET de derivados de benzotiazol como inibidores de a-glicosidase. *Materiais hoje: Proceedings.* 45, 7643- 7652.

23.	Hadni, H. e Elhallaoui, M. (2020). 3D-QSAR, docking e propriedades ADMET de análogos de aurona como agentes antimaláricos. *Heliyon.* 6, e03580.

Relações quantitativas estrutura-atividade e estudos de docking molecular de derivados de 1.2.4 triazol como atividade antifúngica

Soukaina Bouamrane[1], Ayoub Khaldan[1], Hamid Maghat[1] *, Mohammed Aziz Ajana[1], Mohammed Bouachrine[1,2] e Tahar Lakhlifi[1]

[1]Laboratório de Química Molecular e Substâncias Naturais, Faculdade de Ciências, Universidade Moulay Ismail de Meknes, Marrocos

[2]EST Khenifra, Universidade Sultan Moulay Sliman, Benimellal, Marrocos

Resumo

O Cryptococcus neoformans tornou-se um agente patogénico comum do sistema nervoso central à medida que as populações imunocomprometidas aumentam em todo o mundo. Neste estudo, a relação tridimensional quantitativa estrutura-atividade, incluindo a análise comparativa do campo molecular e as abordagens de análise comparativa do índice de semelhança molecular, foi executada numa série de vinte e cinco novos derivados de triazol como agentes antifúngicos. Assim, para desenvolver um modelo 3D-QSAR, utilizámos 20 compostos no conjunto de treino que apresenta valores elevados de Q^2 (0,560 e 0,571, respetivamente) e valores significativos de R^2 (0,881 e 0,886, respetivamente). Os modelos 3D-QSAR produzem mapas de contorno que fornecem informações muito úteis para identificar as regiões responsáveis pelo aumento ou diminuição da atividade. De acordo com estes resultados, conseguimos propor três moléculas com actividades importantes. Do mesmo modo, foi adoptada a docagem molecular para estudar as interacções entre uma molécula recentemente proposta **A1** e a molécula mais ativa do conjunto de dados (composto **20**) com o recetor (PDB: **5TZ1**).

Palavras-chave: Triazol, Antifúngico, 3D-QSAR, Descoberta de fármacos, Docagem molecular

Introdução

Durante séculos, as infecções fúngicas estiveram relacionadas com infecções superficiais (dermatomicoses) nas unhas, no cabelo e na pele. Havia muito poucas infecções fú n g i c a s sistémicas graves. No entanto, nas últimas três décadas, assistiu-se a um aumento radical das infecções fúngicas sistémicas graves devido ao aumento da população imunocomprometida, principalmente resultante do tratamento do cancro, do transplante de órgãos e da infeção pelo VIH. Existem muitos tipos de fungos, tais como Aspergillus, Candida albicans e Cryptococcus neoformans. Neste trabalho, centrámo-nos no Cryptococcus neoformans, um fungo heterobasidiomiceto encapsulado, que cresceu acentuadamente de uma causa rara de infecções humanas, com menos de 300 casos registados antes de 1955, para as crescentes populações imunocomprometidas nas últimas duas décadas, tendo sido registado um agente patogénico oportunista generalizado em todo o mundo.

O primeiro fármaco utilizado para tratar esta doença é a anfotericina B, mas a sua utilização é muitas vezes limitada pela ocorrência muito frequente de efeitos adversos potencialmente graves, com destaque para a insuficiência renal, as manifestações alérgicas e a hipocalemia. Os compostos azólicos são um dos grupos de agentes antifúngicos mais amplamente utilizados devido à sua elevada biodisponibilidade oral e ao seu amplo espetro de atividade contra fungos invasivos [4]. Entre eles, os compostos de 1,2,4-triazol foram intensamente investigados pelos investigadores e incorporados em fármacos potentes, incluindo o fluconazol, o voriconazol, o isavuconazol e o itraconazol, expostos na Fig. 1. No entanto, a utilização generalizada e repetida destes fármacos resultou em resistência fúngica, o que é frequentemente a razão do fracasso da terapia com estes fármacos [5]. Por conseguinte, o desenvolvimento de novos medicamentos potentes, mais seguros e mais baratos torna-se o maior desafio que o mundo enfrenta atualmente.

Recentemente, o desenvolvimento da química computacional centrou-se em novos sucessos e desafios na descoberta de fármacos [6]. A relação tridimensional quantitativa estrutura-atividade (3D-QSAR) é uma delas e é considerada uma ferramenta importante na química medicinal moderna para desenvolver novos fármacos qualificados [7]. Assim, os métodos mais representativos nos modelos 3-D-QSAR são a análise comparativa do campo molecular (CoMFA) [8] e a análise comparativa do índice de semelhança molecular (CoMSIA) [9]. Estes dois métodos centram-se nas alterações das características das estruturas 3D, como os campos electrostáticos, estéricos e hidrofóbicos, e utilizam técnicas estatísticas para as correlacionar com as actividades biológicas [10].

O objetivo deste trabalho é propor novos compostos triazólicos com importante atividade antifúngica. Para isso, realizámos uma análise tridimensional quantitativa da relação estrutura-atividade para uma série de 25 derivados de triazóis sintetizados por Ding et all [11].

A simulação de docagem molecular foi executada para estudar as interacções entre os derivados de triazol e a proteína CYP51 para compreender os principais requisitos estruturais.

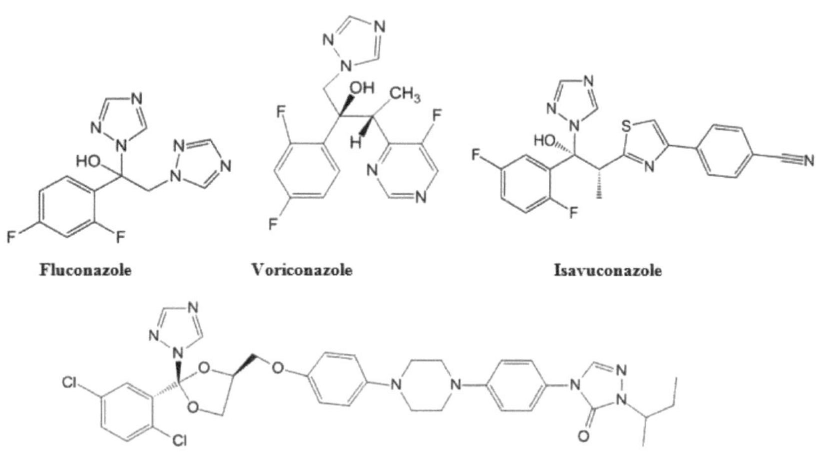

Fig. 1 Estruturas de alguns derivados do 1,2,4-triazol.

Métodos de investigação

Uma base de dados de vinte e cinco moléculas contendo derivados de triazóis como agentes antifúngicos foi dividida em dois conjuntos; vinte compostos foram escolhidos como um conjunto de treino para desenvolver um modelo QSAR 3D e cinco moléculas restantes foram escolhidas como um conjunto de teste para testar a eficiência do modelo sugerido. A Fig. 2 e a Tabela 1 apresentam as estruturas e as actividades biológicas das moléculas estudadas. As actividades biológicas in vitro MIC (μM/mL) foram convertidas nos valores pMIC correspondentes (ou seja, pMIC é o logaritmo negativo de MIC (pMIC = $-\log_{10}$ (MIC)).

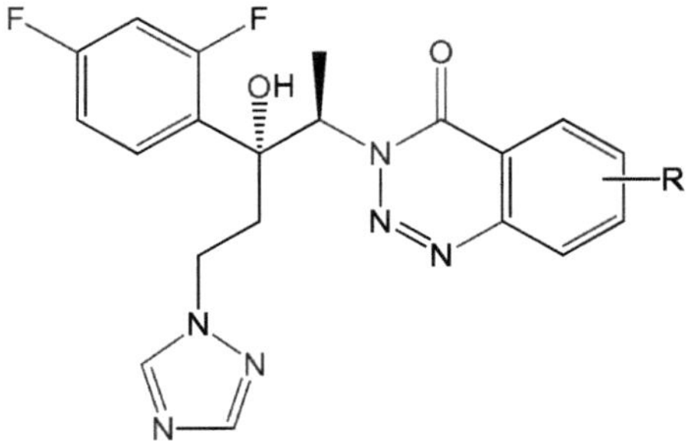

Fig. 2. A estrutura geral do composto estudado.

Tabela 1: estruturas químicas e actividades antifúngicas de novos derivados de triazóis.

N°	R	pMIC	N°	R	pMIC
1*	5-F	7.204	14	7-Br	7,204
2	5-Cl	7.204	15*	7-I	6,903
3	5-Br	7.204	16	7-OCH3	6,903
4	6-F	6,602	17	7-CF3	6,903
5	6-Cl	6,301	18	7-NO2	6,602
6*	6-Br	5,698	19	7-CH3	6,903
7*	6-I	6.301	20	8-F	7,504
8	6-OCH3	6.000	21	8-Cl	6,602
9	6-CF3	5,698	22	8-Br	6,602
10	6-NO2	5,698	23*	6,7-2F	6,301
11	6-CH3	6,602	24	6-F-7Cl	6,602
12	7-F	6,602	25	H	6,602
13	7-Cl	7.504		* Moléculas do conjunto de teste	

Minimização e alinhamento

Neste estudo, cada estrutura de vinte e cinco novos análogos de triazóis foi esboçada e minimizada usando o campo de força Tripos [12], cargas de Gasteiger Huckel [13] e com critérios de convergência de gradiente de 0,01 kcal/mol. Todos os compostos estão alinhados no núcleo comum, utilizando a abordagem simples do SYBL X.2.0. A molécula mais ativa da base de dados (composto **20**) foi utilizada como modelo para análise posterior.

Estudos CoMFA

A técnica CoMFA [8] foi realizada para avaliar as energias estéricas e electrostáticas dos campos de força Tripos executados no SYBYL-X 2.0. Todas as análises foram realizadas numa grelha 3D regularmente espaçada de 2,0 Å em todas as direcções cartesianas, um carbono sp3 com um raio de Van Der Waals de 1,52 Å e carga líquida +1,0 foi utilizado como sonda, que foi localizada para fornecer campos estéricos e electrostáticos em todos os pontos da grelha. O ponto de corte foi o valor predefinido de 30 kcal mol^{-1} [14].

1.1.Estudos CoMSIA

O modelo CoMSIA [9] foi executado no SYBYL-X 2.0, utilizando o mesmo conjunto de moléculas e a mesma caixa de grelha que foi utilizada nos cálculos do CoMFA. Os campos electrostáticos, estéricos, hidrofóbicos e de ligação de hidrogénio foram calculados a partir dos compostos semelhantes, para sugerir um modelo CoMSIA. Nesta revisão, o fator de atenuação e a filtragem da coluna foram definidos por defeito com os valores 0,3 e 2,0 kcal/mol, respetivamente [15].

Análise de mínimos quadrados parciais (PLS)

Devido às enormes variáveis obtidas a partir dos cálculos dos campos, a técnica de regressão PLS [16], é geralmente realizada para avaliar uma correlação linear entre as estruturas e as actividades biológicas. Na primeira etapa, a validação cruzada (Q^2) foi realizada empregando a técnica leave-one-out (LOO) [16], onde uma molécula é excluída do conjunto de treinamento e sua atividade inibitória é oferecida a partir do modelo de expansão empregando os compostos restantes. A mesma abordagem é replicada de modo a que todos os compostos sejam eliminados uma vez. Foi aceite o valor mais elevado de Q^2 com o menor erro padrão de avaliação (*Scv*) e um número mínimo de componentes. Nesta análise, o valor de filtragem da coluna (σ) foi fixado em 2,0 kcal/mol. Na etapa seguinte, após a obtenção do número ótimo de componentes, estes foram utilizados para derivar o modelo PLS final sem técnica de validação [17, 18], para criar o coeficiente de determinação máximo (R^2).

Teste de aleatorização Y

A técnica de Y-Randomização é um passo crucial utilizado para validar o modelo obtido [19]. Para este efeito, os valores de pMIC são misturados aleatoriamente várias vezes e, para cada mistura, é sugerido um novo modelo QSAR. Os valores fracos de Q^2 e R^2 revelam o desempenho dos modelos QSAR, enquanto os valores elevados de Q^2 e R^2 indicam que o 3D-QSAR não pode ser considerado fiável para este conjunto de dados devido à redundância estrutural e à correlação casual.

Docagem molecular

Neste estudo, a abordagem de docagem molecular foi realizada usando surflex-dock disponível no SYBYL-X.2.0, este último, foi aplicado nas etapas de preparação dos ligantes e proteínas para o protocolo de docagem. O Discovery Studio 2016 foi utilizado para visualizar os resultados obtidos [20].

Preparação de macromoléculas e ligandos
A estrutura tridimensional do voriconazol com CYP51 de *Cryptococcus neoformans* foi descarregada do banco de dados de proteínas (código de entrada PDB: 5TZ1). Após a eliminação de cofactores, ligandos e moléculas de solvente, a molécula **20** (o composto mais ativo da base de dados) foi encaixada no sítio ativo da enzima estudada.

Resultados e análise
Resultados do CoMFA e do CoMSIA
De acordo com os resultados da tabela 2, verificamos que o modelo CoMFA tem valores elevados de R^2 (0,881), Scv pequeno (0,197), F (27,828), bem como o coeficiente de validação cruzada Q^2 (0,560) com 2 como número ótimo de componentes. Os cinco conjuntos de teste seleccionados aleatoriamente são optimizados e alinhados segundo o mesmo método utilizado nos conjuntos de treino. A validação externa deu um valor elevado do teste R^2 (0,864), o que significa que a capacidade de previsão do modelo CoMFA foi validada com êxito. A relação entre as contribuições estéricas e electrostáticas foi de 47:53, o que indica que as interacções electrostáticas são muito mais importantes do que as estéricas. Além disso, a tabela 2 descreve também os resultados do modelo CoMSIA, pelo que este modelo apresenta um valor significativo do coeficiente de correlação de validação cruzada Q^2 (0,571) e um valor elevado do coeficiente de correlação não validada cruzada R^2 (0,86). O erro padrão foi Scv (0,193) e o número ótimo de componentes principais utilizados para produzir o modelo CoMSIA é quatro, o que é razoável tendo em conta o número de compostos utilizados para construir o modelo. A validação externa apresentou um valor elevado do teste R^2 (0,822), o que prova que a capacidade de previsão do modelo CoMSIA é aceitável.

A Tabela 3 apresenta as estruturas e as actividades biológicas dos compostos estudados, mostrando que as actividades experimentais e previstas têm uma elevada correlação. Estes resultados estatísticos demonstram com exatidão a boa estabilidade e a poderosa capacidade de previsão destes modelos. Além disso, os gráficos que mostram os valores experimentais e previstos de pMIC para o conjunto total empregue nas técnicas CoMFA e CoMSIA estão descritos na Fig. 3. As boas relações lineares revelaram que as bioactividades previstas pelos modelos derivados estão de acordo com os dados experimentais (ver Fig. 3), indicando que estes modelos têm capacidades de previsão aceitáveis.

Tabela 2 Estatísticas PLS dos modelos CoMFA e CoMSIA.

							Fracções				
Modelo	Q^2	R^2	**Scv**	**F**	**N**	R^2_{test}	Libra	Elétric o	Acc	Não	Hidráu lica
CoMFA	0.560	0.881	0.197	27.828	2	0.864	0.471	0.529	-	-	-
CoMSIA	0.571	0.886	0.193	29.088	4	0.822	0.079	0.466	0.107	0.017	0.331

Q^2 : Coeficiente de determinação de validação cruzada, N: Número ótimo de componentes, R^2 : Coeficiente de determinação de validação não cruzada, Scv: Erro padrão da estimativa, F: Valor do teste F, R^2_{teste}: Coeficiente de determinação de validação externa.

Tabela 3 Actividades antifúngicas e actividades previstas dos derivados de triazóis de novo.

Não	pMIC (observado)	CoMFA		CoMSIA	
		Previsto	**Resíduos**	**previsto**	**Resíduos**
1*	7.204	7.272	-0.068	7.162	0.042
2	7.204	7.139	0.065	7.062	0.142
3	7.204	7.099	0.105	7.010	0.194
4	6.602	6.612	-0.010	6.884	-0.282
5	6.301	6.371	-0.070	6.675	-0.374
6*	5.698	6.291	-0.593	6.373	-0.675
7*	6.301	6.230	0.071	6.303	-0.002
8	6.000	6.084	-0.084	5.847	0.153
9	5.698	5.489	0.209	5.905	-0.207
10	5.698	5.738	-0.040	6.151	-0.453
11	6.602	6.478	0.124	6.001	0.601
12	6.602	6.807	-0.205	6.851	-0.249
13	7.504	6.930	0.574	6.879	0.625
14	7.204	6.986	0.218	6.888	0.316
15*	6.903	6.455	0.448	6.329	0.574

16	6.903	7.058	-0.155	6.993	-0.090
17	6.903	6.905	-0.002	6.887	0.016
18	6.602	7.009	-0.407	6.844	-0.242
19	6.903	6.983	-0.080	6.899	0.004
20	7.504	6.912	0.592	6.824	0.680
	6.602	6.803	-0.201	6.811	-0.209
22	6.602	6.790	-0.188	6.806	-0.204
23*	6.301	6.238	0.063	6.240	0.061
24	6.602	6.598	0.004	6.798	-0.196
25	6.602	6.766	-0.164	6.826	-0.224

* Moléculas do conjunto de teste

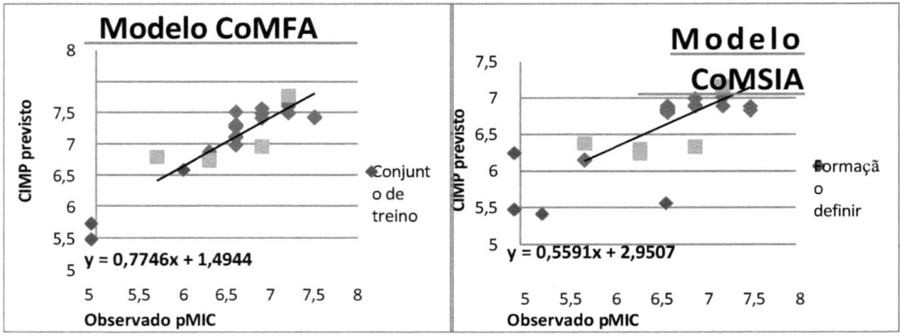

Fig. 3 Atividade experimental versus atividade prevista do conjunto de treino e teste com base no modelo CoMFA e CoMSIA.

Mapa de contorno CoMFA

Na Fig. 4a, o contorno verde junto à posição R3 indica que os grupos volumosos podem aumentar a atividade. Enquanto o contorno amarelo próximo da posição R2 mostra que pequenos grupos nesta posição podem melhorar a atividade. Este resultado pode explicar a elevada atividade do composto **13** (pMIC= 7,504) e do composto **14** (pMIC= 7,204) que têm um grupo volumoso na posição R3.

Nos mapas de contornos electrostáticos CoMFA (Fig. 4b), os contornos vermelhos em torno das posições R2, R3, R4 e R6 indicam que os grupos com carácter de retirada de electrões nestas regiões podem melhorar a potência. Por outro lado, o contorno azul próximo das posições R2 e R3 mostra que a utilização de grupos com carácter electro-doador aumentaria a atividade.

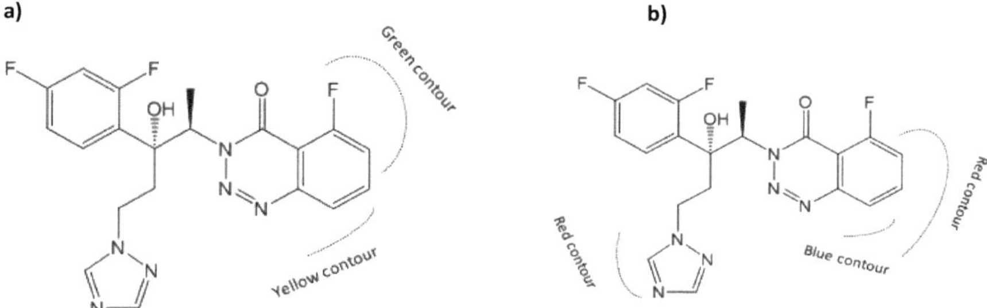

Fig. 4 Resultados dos mapas de contornos obtidos a partir do modelo desenvolvido pelo CoMFA.

Mapas de contorno CoMSIA

Nos mapas de contornos estéricos CoMSIA (Fig. 5a), os contornos verdes cobrem toda a molécula, revelando a importância dos grupos volumosos no aumento da atividade. Este resultado pode explicar a elevada atividade de alguns compostos do conjunto de dados, como o composto **19** (pMIC= 6,903), que tem um grupo volumoso nesta posição.

Nos mapas de contorno eletrostático do CoMSIA (Fig. 5b), o contorno azul em torno da posição R2 indica que os grupos com carácter electro-doador nesta posição podem melhorar a atividade. Enquanto o contorno vermelho em torno da posição R4 mostra que os grupos com carácter de electro-retirada podem melhorar a potência.

Na Fig. 5c, o contorno amarelo em torno da posição R3 mostra que os substituintes com carácter hidrofóbico podem aumentar a atividade. Enquanto o contorno branco em torno das posições R2 e R4 mostra que os grupos com carácter hidrofílico são favorecidos.

Nos mapas de contornos de aceptores de ligações H do CoMSIA (Fig. 5d), os contornos magenta em torno da posição R2 e de uma determinada posição da molécula indicam que apenas os grupos com carácter de aceptores de ligações de hidrogénio podem aumentar a atividade. Enquanto o contorno vermelho próximo da posição R3 mostra que os grupos com carácter de dadores de ligações de hidrogénio podem melhorar a atividade.

Na Fig. 5e, o contorno púrpura próximo da posição R5 indica que os grupos com carácter doador de ligações de hidrogénio nesta posição podem diminuir a potência. Enquanto o contorno ciano em torno da posição R6 revela que os substituintes com carácter doador de ligações de hidrogénio podem aumentar a atividade.

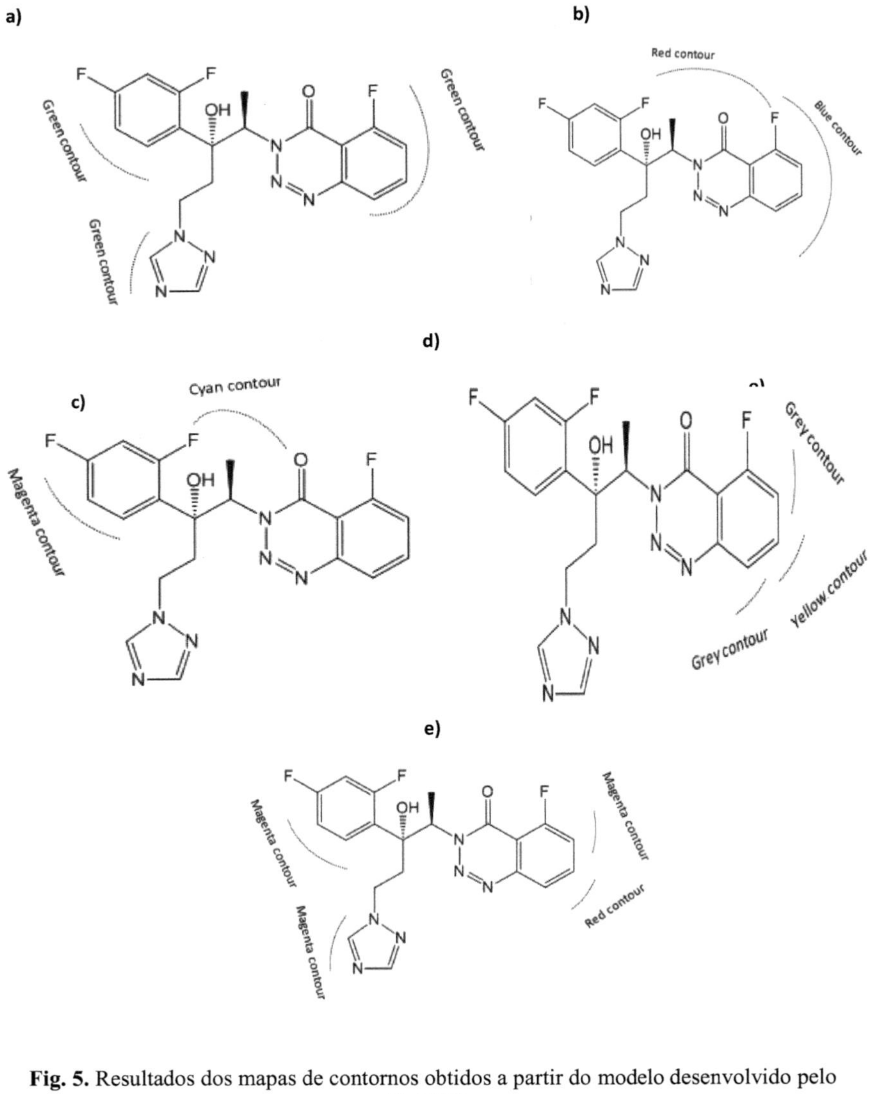

Fig. 5. Resultados dos mapas de contornos obtidos a partir do modelo desenvolvido pelo CoMSIA.

Resultado da aleatorização Y

Para verificar os modelos CoMSIA e CoMFA, é executado o método Y-Randomization. Foram executados vários baralhamentos aleatórios da variável dependente e, após cada baralhamento, foi estabelecido um 3D-QSAR. A Tabela 4 revela os resultados obtidos. Os valores fracos de Q^2 e R^2 obtidos após cada baralhamento mostraram que o bom resultado nos nossos modelos CoMFA e CoMSIA originais não se deve a uma correlação casual do conjunto de treino.

Tabela 4 Valores de Q^2 e R^2 após testes de aleatoriedade Y.

CoMFA		CoMSIA		
Iteração	Q^2	R^2	Q^2	R^2
1	-0.55	0.52	-0.59	0.48
2	-0.54	0.50	-0.52	0.49
3	-0.51	0.52	-0.56	0.50
4	-0.65	0.76	-0.81	0.77
5	-0.57	0.70	-0.72	0.66

Novos compostos concebidos

O objetivo deste estudo é prever novas moléculas potentes, os resultados obtidos no nosso estudo permitiram-nos propor três novos derivados de triazóis (Tabela 5). A nova estrutura prevista **A1** apresenta uma atividade mais elevada (pMIC = 8,279 para o modelo CoMSIA) do que o composto **20**, que é a molécula mais ativa da série (Fig. 6). Além disso, estas novas moléculas foram minimizadas e alinhadas com a base de dados, utilizando o composto **20** como modelo.

Quadro 5: pMIC previsto de moléculas recentemente concebidas com base nos modelos QSAR 3D CoMFA e CoMSIA.

CIMP previsto		
N°	**CoMFA**	**CoMSIA**
A1	6.937	8.279
A2	7.025	7.930
A3	6.984	7.595

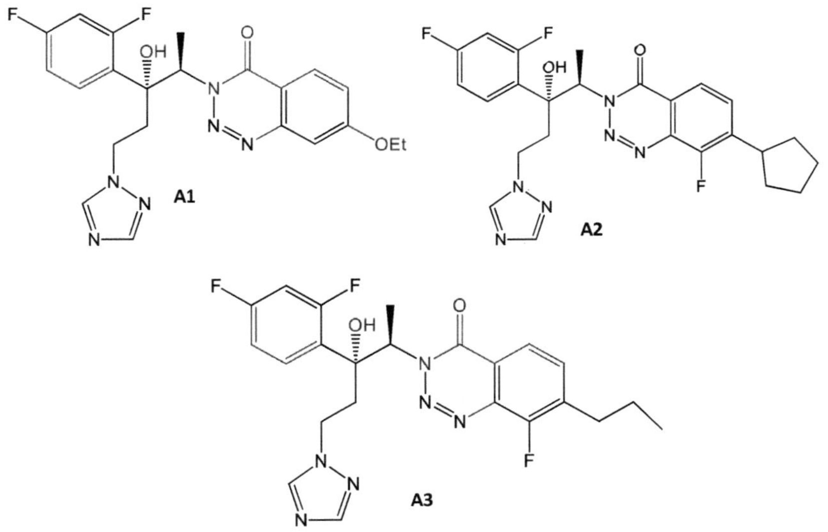

Fig. 6 Estruturas de moléculas recentemente concebidas.

Resultados do acoplamento

O Surflex-dock foi aplicado para explicar a atividade dos compostos e a sua relação com as interacções entre a molécula ativa (composto **20**) e a molécula proposta (composto **A1**) com o recetor (PDB: **5TZ1**).

Na tabela, o composto **20** (molécula ativa) apresenta várias interacções com o recetor, tais como, interação de ligação de hidrogénio convencional com TYR A: 64 resíduos, interação de ligação de hidrogénio de carbono com HIS A: 377 resíduos, interação de halogéneo com ALA A: 61 resíduos, interação de par pi-lon com PHE A: 233 resíduos, interação pi-enxofre com MET A: 92 resíduos, interacções alquilo, pi-alquilo com PRO A: 230, MET A: 508, LEU A: 376, LEU A: 87, HIS A: 377 resíduos, interacções pi-pi empilhadas, interacções pi-pi-T com PHE A: 380, PHE A: 233, TYR A: 64 resíduos. Estas interacções podem explicar a estabilidade da molécula **20** na bolsa da proteína. Além disso, o composto proposto **A1** apresenta também várias interacções com o recetor (tabela), tais como a interação convencional por ligação de hidrogénio com o resíduo TYR A: 64, a interação pi-sulfureto com o resíduo MET A: 92, a interação de pares pi-lona com o resíduo PHE A: 233, a interação de halogéneos com o resíduo ALA A: 61, interação de ligação de hidrogénio com o resíduo HIS A: 377, interacções pi-pi empilhadas, interacções pi-pi-T com os r e s í d u o s

PHE A: 233, TYR A: 64, interacções alquilo e pi-alquilo com os resíduos LEU A: 87, PRO A: 230, MET A: 508, LEU A: 376, TYR A: 118 e HIS A: 377.

O composto proposto apresenta um valor de afinidade de energia de 3,74, enquanto o composto ativo apresenta um valor de afinidade de energia de 2,88, o que implica que o composto proposto tem uma elevada estabilidade na bolsa da proteína em comparação com a molécula mais ativa do conjunto de dados.

Tabela 6 Interacções de docking das moléculas de triazol.

Comp	Resíduos em interação	Tipo de obrigação
	Tyr A: 64	H-Bond
	Phe A :380	Ligação H de carbono Pi-Pi-
	Seu A :377	Empilhado
	Ala A: 61	Halogéneo Pi-Enxofre
	Met A: 92	Par Pi-Lone Par Pi-Pi em forma de
C20	Phe A: 233	T Pi-Alquilo
	Phe A: 380	Pi-alquilo Pi-alquilo
	Met A: 508	Alquilo
	Leu A: 376	
	Leu A: 87	
	Pro A: 230	
A1	Tyr A : 64 His A : 377 Ala A : 61 Phe A :233 Met A : 92 Leu A : 87 Met A: 508 Leu A: 376 Pro A: 230	Ligação H Ligação de hidrogénio do carbono Par Pi-Lone de halogéneo Pi-enxofre Pi-alquilo Pi-alquilo Pi-alquilo Alquilo

Conclusão

Com o objetivo de prever novas moléculas com atividade antifúngica importante, estudámos um conjunto de compostos utilizando técnicas de atividade estrutural quantitativa tridimensional e de acoplamento molecular. Os modelos CoMFA e CoMSIA apresentaram bons resultados estatísticos em termos de R^2 (0,881 e 0,886, respetivamente) e Q^2 (0,560 e 0,571, respetivamente). A boa validação interna e externa dos modelos 3D-QSAR mostra a boa fiabilidade destes modelos, pelo que podem ser utilizados para prever novas moléculas potentes. Do mesmo modo, os mapas de contornos obtidos a partir de modelos tridimensionais quantitativos de atividade estrutural fornecem informações muito úteis para compreender a relação estrutura-atividade e identificar as características estruturais que influenciam a atividade. Com base nestes mapas de contornos, propusemos e concebemos três novos compostos com elevadas actividades previstas. Finalmente, os resultados de docking confirmam a elevada estabilidade destes novos derivados de triazol na bolsa proteica.

Agradecimentos

Estamos gratos à "Association Marocaine des Chimistes Théoriciens" (AMCT) pela sua ajuda pertinente relativamente aos programas.

Referências

[1]   A. Bohme, M. Karthaus, "Infecções fúngicas sistémicas em doentes com doenças hematológicas malignas: indicações e limitações do arsenal antifúngico", Chemotherapy, vol. 45, no. 5, pp. 315-324, 1999.

[2]   J.M. Brown, "Fungal infections in bone marrow transplant patients" (Infecções fúngicas em doentes transplantados de medula óssea), Curr. Opin. Infect. Dis., vol. 17, no. 4, pp. 347-352, 2004.

[3]J.R. Perfect, "Cryptococcus neoformans: A sugar-coated killer with designer genes", j. FEMS. Immunol. Med. Microbiol, vol. 45, no. 3, pp. 395-404, 2005.

[4]   Z. Jiang, Y. Wang, W. Wang, S. Wang, B. Xu, G. Fan, G. Dong, Y. Liu, J. Yao, Z. Miao,
W. Zhang, C. Sheng, "Discovery of highly potent triazole antifungal derivatives by heterocycle-benzene bioisosteric replacement", Eur. J. Med. Chem. vol. 64, pp. 16-22, 2013.

[5]   J.E. Parker, A.G. Warrilow, C.L. Price, J.G. Mullins, D.E. Kelly, S.L. Kelly, "Resistance to antifungals that target CYP51", J. Chem. Biol., vol. 7, no. 4, pp. 143-161, 2014.

[6]   A. Khaldan, K. El khatabi, R. El-Mernissi1, A. Ghaleb, R. Hmamouchi, A. Sbai1, M. Bouachrine, T. Lakhlifi, "3D-QSAR Modeling and Molecular Docking Studies of novel triazoles-quinine derivatives as antimalarial agents", J. Mater. Environ. Sci., vol. 11, no. 3, pp. 429-443, 2020.

[7]   A. Khaldan, K. El khatabi , R. El-mernissi, A. Sbai, M. Bouachrine , T. Lakhlifi, "Combined 3D-QSAR Modeling and Molecular Docking Study on metronidazole-triazole- styryl hybrids as antiamoebic activity", Mor. J. Chem, vol. 8, n.º 1, pp. 527-539, 2020.

[8]   R.D. Cramer III, D.E. Patterson, J.D. Bunnce, "Comparative molecular field analysis (CoMFA): 1. Effect of shape on binding of steroids to carrier proteins", J. Am. Chem. Soc., vol. 110, no. 18, pp. 5959-5967, 1988.

[9]   G. Klebe, U. Abraham, T. Mietzner, "Molecular similarity indices in a comparative analysis (CoMSIA) of drug molecules to correlate and predict their biological activity", J. Med. Chem, vol. 37, no. 24, pp. 4130-4146, 1994.

[10]   A. Khaldan, A. Agorram, A. Ghaleb, A. Aouidate, A. Sbai, M. Bouachrine, T. Lakhlifi, "Modelagem 3D QSAR e estudos de ancoragem molecular em uma série de derivados de quinolona-triazol como agentes antibacterianos", Rhazes, vol. 2, pp. 11-26, 2019.

[11]   Z. Ding, T. Ni, F. Xie , Y. Hao, S. Yu, X. Chai, Y. Jin, T. Wang, Y. Jiang, D. Zhang, "Estudos de conceção, síntese e relação estrutura-atividade de novos agentes triazólicos com forte atividade antifúngica contra Aspergillus fumigatus", Bioorg. Med. Chem. Lett., vol. 30, no. 4, 126951, 2020.

[12]   M. Clark, R. D. Cramer, e N. Van Opdenbosch, "Validation of the general purpose tripos 5.2 force field", J. Comput. Chem, 10(8), pp. 982-1012, Dez. 1989.

[13]   W. P. Purcell e J. A. Singer, "A brief review and table of semiempirical parameters used in the Hueckel molecular orbital method", J. Chem. Eng. Data, vol. 12, no. 2, pp. 235- 246, 1967.

[14]	L. Ståhle, S. Wold, "Multivariate data analysis and experimental design in biomedical research", Prog. Med. Chem., vol. 25, pp. 291-338, 1988.

[15]	J. Zheng, G. Xiao, J. Guo, Y. Zheng, H. Gao, S. Zhao, K. Zhang, P. Sun, "Exploração de QSARs para a atividade inibidora da 5-lipoxigenase (5-LO) de 5-hidroxi-indol-3-

Carboxilatos por CoMFA e CoMSIA", Chem. Biol. Drug Des., vol. 78, no. 2, pp. 314-321, 2011.

[16]	S. Wold, "Validação de QSAR's", Quant. Struct. Act. Relat., vol. 10, no. 3, pp. 191-193, 1991.

[17]	G. Cruciani, M. Baroni, S. Clementi, G. Costantino, D. Riganelli, B. Skagerberg, "Predictive ability of regression models. Parte I: Desvio padrão dos erros de previsão (SDEP) ", J. Chemom, vol. 6, no. 6, pp. 335-346, 1992.

[18]	E. Baroni, M. Clementi, S. Cruciani, G. Costantino, G. Riganelli, D. Oberrauch, "Predictive ability of regression models. Parte II: Seleção do melhor modelo PLS preditivo",
J. Chemom, vol. 6, no. 6, pp. 347-356, 1992.

[19]	C. Rücker, G. Rücker, M. Meringer, "Y-randomization e suas variantes em QSPR/QSAR",
J. Chem. Inf. Model, vol. 47, no. 6, pp. 2345-2357, 2007.

[20]	Dassault Systèmes BIOVIA, Ambiente de Modelação Discovery Studio, Versão 2017, San Diego: Dassault Systèmes, (2016). http://accelrys.com/products/collaborative- science/bioviadiscovery-studio/ (acedido em 25 de fevereiro de 2017).

CONCLUSÃO

Neste livro, identificámos compostos potentes e selectivos como inibidores antifúngicos. Foram aplicadas abordagens *in silico*, tais como 3D-QSAR, docking molecular, simulações MD, ADME/Tox, para desenvolver e conceber novas moléculas heterocíclicas azotadas bioactivas como inibidores de infecções fúngicas. Neste livro, identificámos compostos potentes e selectivos como inibidores antifúngicos.

Neste contexto, apresentámos três capítulos sobre as infecções fúngicas: **No primeiro capítulo,** a relação estrutura-atividade entre vinte e sete compostos 1,2,4-triazóis e a sua atividade sobre C. Albicans utilizando a análise 3D-QSAR. A excelente capacidade de previsão dos modelos CoMFA e CoMSIA indica que os modelos recomendados podem ser adoptados com precisão para estimar a atividade em C. Albicans de novos inibidores não sintetizados. Além disso, as linhas de contorno construídas pelos modelos sugeridos deram indicações adequadas para identificar as facetas estruturais primárias que induzem a atividade. Assim, foram recomendadas e concebidas três novas moléculas de 1,2,4-triazol com uma atividade incrível em C. Albicans. O docking molecular foi utilizado para inspecionar a estabilidade das moléculas de 1,2,4-triazol e do fármaco Fluconazol na bolsa recetora visada. A molécula P1 proposta confirmou um resultado de acoplamento molecular correto e é estável. Para além disso, as simulações de dinâmica molecular mostraram que o composto P1 superou o Fluconazol. A biodisponibilidade oral e a toxicidade dos novos derivados de triazol propostos foram investigadas utilizando o método ADMET *in silico*. Apresentaram resultados ADME exactos e não foram considerados tóxicos utilizando o teste de Ames.

No segundo artigo, foi efectuada uma análise de uma série de 21 moléculas de triazol que demonstram atividade contra a candida albicans. O 3D-QSAR, incluindo a abordagem CoMFA, foi realizado neste estudo para estabelecer um modelo robusto que possa ser adotado para prever a atividade das novas moléculas sugeridas. Os melhores valores de Q^2 (0,601), R^2 (0,985) e R^2 test (0,967) ilustram a elevada competência do modelo CoMFA. Os mapas de contornos estéricos e electrostáticos do modelo CoMFA permitiram-nos propor cinco novos triazóis com excelente atividade contra a candida albicans. Os resultados do docking molecular determinam claramente as melhores moléculas com elevada estabilidade no recetor 4UYM. As novas moléculas de triazóis, juntamente com a molécula antifúngica potencialmente muito utilizada, o fluconazol, foram submetidas a um estudo ADMET in silico para selecionar as moléculas certas entre elas para serem adoptadas como inibidores potentes da candida albicans.

O terceiro capítulo investigou uma série de vinte e cinco derivados de triazóis como inibidores de infecções fúngicas utilizando análises 3D-QSAR, docking molecular e ADMET. Os resultados obtidos permitiram-nos propor três novos compostos, A1, A2 e A3, que exibem atividade antifúngica.

Exploração computacional de novos fármacos antifúngicos

Dr. Soukaina Bouamrane, Laboratório de Química Molecular e Substâncias Naturais, Faculdade de Ciências, Universidade Moulay Ismail Meknes, Marrocos
s.bouamrane@edu.umi.ac.ma

Hamid Maghat, Laboratório de Química Molecular e Substâncias Naturais, Faculdade de Ciências, Universidade Moulay Ismail Meknes, Marrocos
h.maghat@umi.ac.ma

Prof. Mohammed Aziz Ajana, Laboratório de Química Molecular e Substâncias Naturais, Faculdade de Ciências, Universidade Moulay Ismail Meknes, Marrocos
medazizajana@gmail.com

Tahar Lakhlifi, Laboratório de Química Molecular e Substâncias Naturais, Faculdade de Ciências, Universidade Moulay Ismail Meknes, Marrocos tahar.lakhlifi@yahoo.fr

Mohammed Bouachrine, Laboratório de Química Molecular e Substâncias Naturais, Faculdade de Ciências, Universidade Moulay Ismail Meknes, Marrocos EST Khenifra, Universidade Sultan Moulay Sliman, Benimellal, Marrocos

bouachrine@gmail.com

Printed by Books on Demand GmbH, Norderstedt / Germany